石油石化工程质量监督典型案例

中国海洋石油工程质量监督渤海中心站 组编

任登涛 主编

气象出版社
China Meteorological Press

内容简介

本书由中国海洋石油工程质量监督渤海中心站根据《建设工程质量管理条例》等法规文件组织编写，介绍了石油石化工程质量监督过程中常见的164个典型案例，分为质量行为、建筑工程、钢结构工程、设备安装工程、管道安装工程、电气工程、仪表安装工程、防腐绝热工程、无损检测技术九章，每个案例包括案例描述、监督依据、案例评析、问题处置、经验教训五个部分，并附有大量现场实拍照片，做到了分析一针见血，点评有理有据，处置措施得当，经验教训值得借鉴。本书内容系统全面、条理清晰、图文并茂，不仅适合石油石化工程质量监督人员培训使用，也可供石油石化工程施工、监理人员在工作中阅读参考，以免发生同类质量事件或事故，确保工程质量安全。

图书在版编目（CIP）数据

石油石化工程质量监督典型案例 / 中国海洋石油工程质量监督渤海中心站组编 ; 任登涛主编. -- 北京 : 气象出版社, 2023.10
ISBN 978-7-5029-8075-7

Ⅰ. ①石… Ⅱ. ①中… ②任… Ⅲ. ①石油化工－化学工程－工程质量监督－案例－中国 Ⅳ. ①TE65

中国国家版本馆CIP数据核字(2023)第197918号

石油石化工程质量监督典型案例

Shiyou Shihua Gongcheng Zhiliang Jiandu Dianxing Anli

出版发行：气象出版社
地　　址：北京市海淀区中关村南大街46号　　**邮政编码**：100081
电　　话：010-68407112（总编室）　010-68408042（发行部）
网　　址：http://www.qxcbs.com　　**E-mail**：qxcbs@cma.gov.cn
责任编辑：彭淑凡　　**终　　审**：张　斌
责任校对：张硕杰　　**责任技编**：赵相宁
封面设计：楠竹文化
印　　刷：三河市君旺印务有限公司
开　　本：710 mm×1000 mm　1/16　　**印　　张**：15.5
字　　数：321千字
版　　次：2023年10月第1版　　**印　　次**：2023年10月第1次印刷
定　　价：68.00元

前　言

2023 年 2 月，中共中央、国务院印发《质量强国建设纲要》（以下简称《纲要》）。《纲要》指出，面对新形势新要求，必须把推动发展的立足点转到提高质量和效益上来，培育以技术、标准、品牌、质量、服务等为核心的经济发展新优势，推动中国制造向中国创造转变、中国速度向中国质量转变、中国产品向中国品牌转变，坚定不移推进质量强国建设。

强化工程质量保障是提升建设工程品质的重要工作。包括全面落实各方主体的工程质量责任，强化建设单位工程质量首要责任和勘察、设计、施工、监理单位主体责任；推进工程质量管理标准化，实施工程施工岗位责任制，严格进场设备和材料、施工工序、项目验收的全过程质量管控；强化工程建设全链条质量监管，完善日常检查和抽查抽测相结合的质量监督检查制度。

坚持问题导向是提升工程质量管理的重要原则。及时归纳、总结以往出现的典型问题的原因、特点和规律，吸取经验教训，积极采取科学有效的针对性措施，对于防止同类质量问题的发生具有指导意义。鉴于此，中国海洋石油工程质量监督渤海中心站根据《建设工程质量管理条例》等法规文件，结合石油石化领域工程质量管理实践，组织编写了本书。全书分为质量行为、建筑工程、钢结构工程、设备安装工程、管道安装工程、电气工程、仪表安装工程、防腐绝热工程、无损检测技术九章，共收集石油石化工程质量监督过程中常见的 164 个典型案例，每个案例包括案例描述、监督依据、案例评析、问题处置、经验教训五个部分，基本做到分析一针见血、点评有理有据、处置措施得当、经验教训值得借鉴。

30 多年来，经过广大质量监督人员的辛勤努力，工程质量监督工作取得了一定成绩，积累了丰富的经验，对提高建设工程质量发挥了重要作用。本书正是这些宝贵经验和素材凝练而成的结晶。为便于读者对建设工程质量监督典型案例进行全面解读和充分掌握，本书在案例选取及内容编写上，努力做到通用性强、适用面广、内容完整、简明扼要、概念正确、措施有效，并配有大量现场实拍照片，力求直观醒目、图文并茂。

本书不仅适合石油石化工程质量监督人员培训使用，也可供石油石化工程质量责任主体的工程建设、勘察、设计、施工、监理单位以及质量检测单位的施工、监理人员在工作中阅读参考，以提高工程质量管理水平，避免发生同类质量事件或事故，确保工程质量安全。

在本书编写过程中，编者得到了所在单位领导的大力支持和同事的热情帮助，在此表示衷心的感谢。

由于编者缺乏经验，而且参考资料有限，加上时间仓促，本书难免存在不足之处，敬请广大读者批评指正，以便今后修订和完善。

编　者

2023 年 9 月

目　录

前言

第一章　质量行为案例 …… 1

案例 1　违法发包问题 …… 1

案例 2　违法分包问题 …… 2

案例 3　设备安装资料日期存在明显错误 …… 3

案例 4　钢结构焊工未取得考试合格证 …… 4

案例 5　项目经理变更问题 …… 5

案例 6　专业分包问题 …… 6

案例 7　检测单位资质不全的问题 …… 7

案例 8　检测单位资质范围问题 …… 8

案例 9　检测人员资格不符的问题 …… 9

案例 10　检测人员无培训证的问题 …… 10

案例 11　质量保证体系文件问题 …… 11

案例 12　检测作业指导书缺项问题 …… 13

案例 13　现场复验检测造假问题 …… 14

案例 14　射线检测底片标记正确性问题 …… 15

案例 15　超过标准检测范围编制操作指导书问题 …… 17

案例 16　渗透检测指导书未覆盖非标温度问题 …… 18

案例 17　焊材库管理不善问题 …… 19

案例 18　焊接工艺评定、工艺规程未完成审批即进行施焊 …… 20

案例 19　焊工资质问题 …… 22

案例 20　焊接工艺规程编制不符合焊接工艺评定报告问题 …… 23

案例 21　焊工超越资质施焊问题 …… 24

案例 22　焊工无资质施焊问题 …… 26
案例 23　焊接工艺评定和焊材质量问题 …… 27
案例 24　焊接设备问题 …… 28
案例 25　储罐焊接工艺指导书热输入超差问题 …… 30
案例 26　施工组织设计审批问题 …… 31
案例 27　项目经理超越聘用范围从事执业活动 …… 32
案例 28　擅自更改路由进行施工 …… 33

第二章　建筑工程案例 …… 35

案例 1　现浇结构外观质量问题 …… 35
案例 2　基础钢筋锚固问题 …… 39
案例 3　钢筋安装保护问题 …… 40
案例 4　砌体工程未挂加强网问题 …… 41
案例 5　外墙散水设缝问题 …… 43
案例 6　混凝土防腐施工质量问题 …… 44
案例 7　钢筋锚固长度问题 …… 45
案例 8　基础梁施工缝留设位置问题 …… 47
案例 9　混凝土施工缝留设问题 …… 49
案例 10　储罐基础环墙后浇带留设问题 …… 50
案例 11　二次灌浆裂缝问题 …… 52
案例 12　钢筋焊接预弯问题 …… 53
案例 13　违规使用粘土砖问题 …… 55
案例 14　窗户安装使用射钉枪问题 …… 56
案例 15　水池未设置沉降观测点问题 …… 57
案例 16　钢筋替换问题 …… 58
案例 17　未按设计施工问题 …… 60
案例 18　未按设计要求施工问题 …… 61
案例 19　基础梁柱钢筋未安装到位问题 …… 63
案例 20　主体框架柱钢筋保护层问题 …… 64
案例 21　钢筋绑扎问题 …… 66
案例 22　基础回填土质量问题 …… 67

案例 23　未按设计要求设置窗台梁问题 …… 68
案例 24　未按设计要求设置构造柱问题 …… 70
案例 25　砌体工程现场开槽问题 …… 71
案例 26　分部验收资料不及时同步 …… 72
案例 27　主体砌体材料不符合设计要求 …… 73
案例 28　钢筋原材见证取样问题 …… 75
案例 29　钢筋焊接质量问题 …… 76
案例 30　钢筋笼箍筋间距问题 …… 77
案例 31　灌注桩桩头质量问题 …… 79
案例 32　钢筋笼加工问题 …… 80
案例 33　钢筋加工质量问题 …… 81
案例 34　钢筋安装问题 …… 83
案例 35　地连梁尺寸问题 …… 84
案例 36　钢筋安装保护层不足问题 …… 85
案例 37　地梁基础截面尺寸问题 …… 87
案例 38　钢筋焊接接头未进行工艺检验 …… 88
案例 39　混凝土浇筑质量及尺寸偏差问题 …… 89
案例 40　工程资料填写错误 …… 90
案例 41　钢结构防腐层施工质量问题 …… 92
案例 42　钢结构安装未按设计施工 …… 93
案例 43　砌体工程所用材料未进行相关检测试验 …… 94
案例 44　砌体工程过期水泥未进行重新复试问题 …… 96
案例 45　砌筑工程顶部未斜砌 …… 97
第三章　钢结构工程案例 …… 99
案例 1　钢结构高强度螺栓抗滑移面与设计不符 …… 99
案例 2　钢结构焊接节点形式错误 …… 101
案例 3　已安装钢结构未进场报验 …… 102
案例 4　储罐罐顶钢结构高强度螺栓缺少垫圈 …… 103
案例 5　设备配套钢结构安装质量问题 …… 105
案例 6　土建及钢结构施工与设备安装施工交接面质量问题 …… 106

案例 7　设备钢结构厂房安装问题 …… 108
第四章　设备安装工程案例 …… 111
案例 1　储罐壁板与罐顶网架节点处焊接成型质量问题 …… 111
案例 2　液化天然气储罐壁板焊接质量问题 …… 112
案例 3　液化天然气储罐穹顶预制结构件焊接质量问题 …… 114
案例 4　液化天然气储罐铝吊顶无损检测质量问题 …… 115
案例 5　储罐盘梯设计文件不符合设计规范要求 …… 116
案例 6　储罐罐壁补强板未设置信号孔 …… 118
案例 7　储罐焊缝间距不符合规范要求 …… 119
案例 8　储罐壁板开孔处未设置补强圈 …… 120
案例 9　机泵地脚螺栓所处预留孔中的位置不符合规范要求 …… 121
案例 10　LNG 储罐底板定位焊开裂 …… 122
案例 11　不锈钢储罐焊材选用错误 …… 124
案例 12　往复式压缩机空负荷调试质量问题 …… 125
案例 13　泵安装质量问题 …… 127
案例 14　风机安装质量问题 …… 129
案例 15　设备和原材料成品保护质量问题 …… 131
案例 16　化学反应釜设备安装找正和垫铁安装质量问题 …… 133
案例 17　塔器类设备安装质量问题 …… 134
案例 18　容器类设备安装质量问题 …… 136
案例 19　立式圆筒形金属储罐安装质量问题 …… 137
第五章　管道安装工程案例 …… 139
案例 1　工艺管道焊接根部未熔合 …… 139
案例 2　P91 管道热处理工艺错误 …… 140
案例 3　站场 A333 Gr. 6 材质厚壁工艺管道未进行热处理 …… 142
案例 4　工艺管道焊接工艺评定不符 …… 143
案例 5　工艺管道低温螺栓未进行复验 …… 144
案例 6　不锈钢管道连接件未做防锈处理 …… 145
案例 7　管道试压包问题 …… 147
案例 8　管道错边严重问题 …… 148

案例 9　低温管道质量证明书问题 …… 149
案例 10　管道焊接工艺纪律问题 …… 150
案例 11　焊接工艺方法变更问题 …… 151
案例 12　弯头角度不符合要求 …… 152
案例 13　预热温度不足即打火开焊 …… 153
案例 14　质量验收资料滞后且部分缺失 …… 154
案例 15　管沟验收不符合规范要求 …… 155
第六章　电气工程案例 …… 157
案例 1　配电箱存在未经批准的修改问题 …… 157
案例 2　防爆电机选型问题 …… 158
案例 3　断接卡未按图纸施工问题 …… 160
案例 4　接地扁钢漏敷的问题 …… 161
案例 5　报验资料与实物不符的问题 …… 163
案例 6　接地扁钢焊接不合规的问题 …… 164
案例 7　操作柱电缆密封问题 …… 165
案例 8　隔爆型电气设备间隙超差、无隔爆结构问题 …… 167
案例 9　增安型产品接线端子非 Ex 元件问题 …… 168
案例 10　冗余孔封堵及电缆引入问题 …… 170
案例 11　复合型产品（常见“de”型）中间过线孔封堵问题 …… 171
案例 12　危险区域存在中间接头问题 …… 173
案例 13　使用假冒伪劣产品问题 …… 174
案例 14　使用套牌伪劣产品问题 …… 176
第七章　仪表安装工程案例 …… 181
案例 1　防爆区安装的仪表不防爆问题 …… 181
案例 2　防爆区仪表缺浪涌保护器质量问题 …… 183
案例 3　防爆区仪表设备、材料材质问题 …… 185
案例 4　防雷接地隐蔽工程问题 …… 187
案例 5　仪表防爆隔离密封问题 …… 188
案例 6　防爆仪表安装问题 …… 190
案例 7　防爆气体探测器问题 …… 191

案例 8　防爆区选用非智能仪表问题 …… 192
案例 9　防爆区消防仪表设备消防认证问题 …… 193
案例 10　本质安全电缆使用问题 …… 194
案例 11　变送器铭牌及接线问题 …… 196
案例 12　防爆电气设备铭牌问题 …… 197
案例 13　变送器分支电缆问题 …… 199
案例 14　防爆区采用非防爆设备问题 …… 200
案例 15　电缆成品保护问题 …… 201
案例 16　静电消除器不符合设计要求的问题 …… 202
案例 17　静电地板接地漏做的问题 …… 204
案例 18　设备接线不合规的问题 …… 206
案例 19　屏蔽层接地不合规的问题 …… 207
第八章　防腐绝热工程案例 …… 210
案例 1　防腐补口材料质量证明文件问题 …… 210
案例 2　保温材料无防雨措施 …… 211
案例 3　LNG 储罐泡沫玻璃砖问题 …… 212
案例 4　地管防腐绝缘层电火花检测报告造假 …… 213
第九章　无损检测技术案例 …… 216
案例 1　射线底片质量问题 …… 216
案例 2　无损检测人员符合性问题 …… 218
案例 3　渗透检测工艺纪律执行问题 …… 220
案例 4　渗透检测验收等级与设计要求不符合的问题 …… 221
案例 5　无损检测记录人员代签字、日期涂改问题 …… 224
案例 6　射线底片黑度超标问题 …… 226
案例 7　检测设备、器材管理问题 …… 227
案例 8　检测所用胶片不合规问题 …… 228
案例 9　检测所用像质计不合格问题 …… 230
案例 10　检测设施、环境问题 …… 232
案例 11　检测工艺纪律执行问题 …… 233
案例 12　现场复验漏评裂纹的问题 …… 234
案例 13　检测报告缺项的问题 …… 235

第一章 质量行为案例

案例 1 违法发包问题

【问题描述】

2015 年 4 月，广东省珠海市金湾区某石油化工项目。建设单位将 8 台 5000 m^3 球罐发包给仅持有机电工程施工总承包三级资质的施工单位，该施工单位不具备石油化工工程相关施工资质，存在超资质承揽工程和不具备资质承揽工程的行为。

【监督依据】

1. 该问题违反了《建筑工程质量管理条例》（国务院令第 279 号）第二章第七条中“建设单位应将工程发包给具有相应资质等级的单位”的规定。

2. 该问题不符合建设部《建筑业企业资质标准》（建市〔2014〕159 号）第 12 章“机电工程施工总承包资质标准”的规定：“机电工程是指未列入港口与航道、水利水电、电力、矿山、冶金、石油化工、通信工程的机械、电子、轻工、纺织、航天航空、船舶、兵器等其他工业工程的机电安装工程。”以及第 9 章“石油化工工程施工总承包资质标准”的规定：“石油化工工程是指油气田地面、油气储运（管道、储库等）、石油化工、化工、煤化工等主体工程，配套工程及生产辅助附属工程。”

【案例评析】

1. 建设部《建筑业企业资质标准》（建市〔2014〕159 号）第 12.4.3 条明确，机电工程施工总承包三级资质可承担单项合同额 1500 万元以下的机电工程的施工，本案例所涉工程 8 台 5000 m^3 球罐合同额约 8300 万元，施工单位应具备机电工程施工总承包一级资质。施工单位存在超资质承揽工程的行为。

2. 施工单位即使具备机电工程施工总承包一级资质，但是根据建设部《建筑业企业资质标准》（建市〔2014〕159号）第9.4条的要求，球罐工程属于石油化工工程，施工单位应具备石油化工工程施工资质。施工单位存在不具备资质承揽工程的行为。

3. 建设单位对建筑业企业资质要求不熟悉，在招标时没有对施工单位的资质作出明确要求，导致出现了违法发包的行为；施工单位中标进场后，监理单位在审核施工单位进场资质报验文件时也没有发现该问题。监督机构在项目首次监督检查时发现了该问题。

【问题处置】

1. 工程质量监督机构对该问题施工单位下达《建设工程质量问题整改通知书》，责令限期整改。

2. 对建设单位进行了相关法律法规的宣贯讲解。

3. 要求建设单位重新选择企业资质符合要求的施工单位。

【经验教训】

1. 建设单位在项目招标阶段应选择专业的招标代理机构进行招标工作。

2. 监理单位在施工单位进场后应严格审查相关企业资质、人员资格等，发挥出为建设单位服务的作用。

案例2　违法分包问题

【问题描述】

2016年9月，广东省惠州市大亚湾区某石油化工项目。监督抽查发现重油储罐本体施工作业由某钢结构有限公司进行，经查未发现该公司的相关资质报验文件及合同，建设单位也不知道该公司在其现场施工，该重油储罐涉嫌违法分包。

【监督依据】

该行为违反了《建设工程质量管理条例》第七十八条第二款“本条例所称违法分包，是指下列行为：……（二）建设工程总承包合同中未有约定，又未经建设单位认可，承包单位将其承包的部分建设工程交由其他单位完成的”的要求。

【案例评析】

1. 总承包单位擅自将重油储罐本体施工作业交由某钢结构有限公司实施，该钢结构有限公司在现场施工作业时，建设单位、监理单位均未进行管理，存在较大的安全、质量风险。

2. 该重油储罐建成后未留下任何相关工程资料，为项目埋下了质量隐患。

【问题处置】

1. 工程质量监督机构对该问题总承包单位下达《建设工程质量问题整改通知书》。

2. 经监督人员提出该问题后，建设单位意识到问题的严重性，将两台储罐拆除重建。

【经验教训】

1. 工程项目中常存在设备厂家在现场施工的现象，即采购的中小型设备未在厂家制造完成，而采取在施工现场进行设备制造，采购单位、建设单位均予以默认。针对类似问题，建议建设单位对制造单位按照施工单位进行管理。

2. 监督人员在对现场设备安装检查时，应重点检查相关单位是否具有安装资质。

案例 3 设备安装资料日期存在明显错误

【问题描述】

问题 1 2019 年 8 月，江苏省泰州市高港区某石油化工项目。质量监督工程师在抽查某施工单位施工过程资料时发现，资料签署日期为 2019 年 2 月 29 日。

问题 2 2019 年 10 月，广西贵港桂平市某储油库项目。质量监督工程师在监督检查时发现施工过程资料签署日期为 2019 年 9 月 31 日。

以上两问题资料均存在造假嫌疑。

【监督依据】

该问题不符合《石油化工建设工程项目施工过程技术文件规定》（SH/T 3543—2007）第 5.4 条“施工单位应对施工过程技术文件的真实性、完整性、系统性负责”。

【案例评析】

施工单位工程资料与施工进度不同步，严重滞后，后补资料造成日期错误（2019 年 2 月没有 29 日，9 月没有 31 日），施工单位质量管理人员工作不认真，资料签字未做好审查。

【问题处置】

1. 工程质量监督机构对该问题施工单位下达《建设工程质量问题整改通知书》，责令限期整改。

2. 要求施工单位对工程资料做到真实、同步。

【经验教训】

工程施工资料是施工过程与经验的记录、积累与总结，是验证工程实体的重要依据，也是工程内在质量的真实反映，目前工程资料滞后是很多项目的通病，建设单位应在项目初期对工程资料的收集整理做严格要求，采取一定的奖惩措施，会起到事半功倍的效果。

案例 4　钢结构焊工未取得考试合格证

【问题描述】

2020 年 5 月，天津市滨海新区临港工业区工业制造基地建设项目钢结构厂房工程。施工现场钢结构厂房屋面梁正进行拼接组焊，焊接方式为二氧化碳气体保护焊。监督人员对焊工资格进行抽查，发现操作焊工具有安监局颁发的特种作业上岗操作证，未提供气体保护焊接项目的考试合格证书。

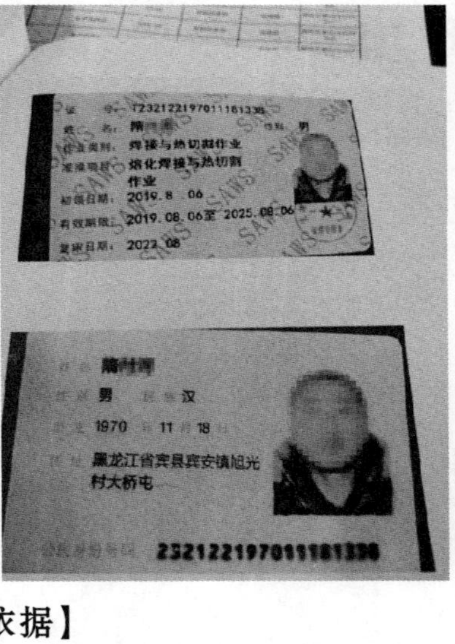

【监督依据】

该问题不符合《钢结构焊接规范》（GB 50661—2011）第 3.0.4 条第 5 款的规定：“焊工应按所从事钢结构的钢材种类、焊接节点形式、焊接方法、焊接位置等要求进行技术资格考试，并取得相应资格证书，其施焊范围不得超越资格证书的规定。”

【案例评析】

1. 现场钢结构焊接人员只有焊工操作证，未提供焊工资格证。

2. 建设单位、监理单位及施工单位相关管理人员均对钢结构焊工资格要求认识不清，认为具备特种作业证书即可进行焊接作业，未掌握国家标准规范对于焊工证的要求，因此项目对焊工资格门槛要求不高，管理上存在不足。

3. 安监部门颁发的焊工特种作业证书只是安全操作证，并不能证明取证该焊工具备相应的专业理论和正规的操作技术，其从事的焊接工程很可能存在质量隐患。项目上必须要予以重视并区别运用。

【问题处置】

1. 工程质量监督机构对该问题施工总承包单位下达《建设工程质量问题整改通知书》，责令限期整改。

2. 要求施工单位的钢结构焊工必须取得相应考试合格证。因钢结构厂房现场焊接工作已经开始作业，现场的焊工要取得合格证，时间上已经来不及。为此建设单位要求施工单位更换焊工，调换由具备压力容器焊接证书且焊接范围包括本项目钢结构焊接内容的焊工进行现场焊接作业。对以前焊工完成焊接的屋面梁，对其无损检测报告进行核查，如有存疑，可增做无损检测，以确保焊接质量。

【经验教训】

1. 目前焊工证有：①国家安监部门颁发的焊工特种作业安全操作证；②国家人力资源和社会保障部颁发的焊工技能等级证；③国家质量监督总局颁发的压力容器、压力管道焊工操作合格证；④国家各部委焊工考试委员会颁发的各大系统（如冶金、电力、化工、造船等）所属业务的焊工操作合格证；⑤涉外工程的各种焊工操作合格证，如 AWS、JIS 焊工操作合格证。后三类证件可证明焊工在某领域内的某项（或多项）焊接技艺水平，而前两类不完全代表焊工的实际操作水平，不能单独在工程中应用。

2. 监督人员在施工现场对焊工资格核查时，应了解焊接工程的类型和质量要求，按照规范有关条件要求对焊工证进行核对、审查，一般情况下，都要求有相应焊接范围的考试合格证。

案例 5 项目经理变更问题

【问题描述】

2020 年 4 月，广东省惠州市大亚湾石化区某石化工程。监督人员对某施工单位项目经理资格检查时，发现原合同项目经理 A 一级建造师证为机电专业，后变更项目经理 B 一级建造师证为建筑工程专业，变更后项目经理的专业与承揽的工程专业类别不符。

【监督依据】

该问题不符合《注册建造师执业管理办法（试行）》第四条“注册建造师应

当在其注册证书所注明的专业范围内从事建设工程施工管理活动，具体执业按照本办法附件《注册建造师执业工程范围》执行”的规定。

【案例评析】

施工单位只是从自身利益的需要对项目经理进行变更，造成项目经理执业资格专业类别与工程类型不匹配，建设、监理单位对变更的项目经理资格未予以认真审查。

【问题处置】

1. 工程质量监督机构对该问题施工总承包单位下达《建设工程质量问题整改通知书》，责令限期整改。

2. 施工单位立即更换专业类别与工程相符的项目经理，监理单位对更换的项目经理资格重新审查、确认。

【经验教训】

1. 施工单位投标时，为取得竞标优势，往往在投标书选择资历深、条件好的人员组成项目组成员，特别是项目经理人选，更是选择履职经验丰富的人员。但这些人才大多是公司或其他一些重点项目的关键岗位人员，项目中标后不能到岗履职，届时施工单位就变更项目经理，换用其他人员。如果建设单位和监理单位对项目经理资格审查不严，施工单位有可能用专业类型不符的人员担任项目经理。

2. 监督人员在核查项目经理资格时，应重点审查专业类型以及注册单位，避免人证不符的情况。

案例6　专业分包问题

【问题描述】

2020年8月，广东省惠州市大亚湾区某石化工程。该工程正进行设备基础工程施工，工程质量监督人员对施工分包单位静态质量行为检查时，发现分包单位A公司不具备地基基础工程专业分包资质。

【监督依据】

该问题不符合《建筑业企业资质标准》（建市〔2014〕159号）中“三、业务范围（一）取得施工总承包资质的企业可以对所承揽的施工总承包工程内容各专业工程全部自行施工，也可以将专业工程依法进行分包。对设有资质的专业工程进行分包时，应分包给具有相应专业承包资质的企业”的规定。

【案例评析】

施工、监理单位未能正确理解国家有关建设工程企业资质的相关要求，错误认为施工总承包资质可以涵盖专业资质，并以此承揽专业分包工程。

【问题处置】

1. 工程质量监督机构对该问题施工总承包单位下达《建设工程质量问题整改通知书》，责令限期整改。

2. 施工单位重新选择分包单位，改为有资质的劳务分包，并按规定在建设单位备案。

【经验教训】

1. 一些石化工程施工单位因为自身利益关系，选择分包单位不考虑其资质等级要求，而且规避向建设单位、监理单位报审，有意隐瞒分包情况。建设单位、监理单位对分包管理不严，往往发现不了施工单位存在分包的情况，由此造成分包单位无资质、超资质承揽工程的情况。

2. 监督人员在对施工单位检查时，应通过多种渠道和检查方式，包括现场询问作业人员等措施，了解和掌握施工单位实际的分包情况，发现存在违法违规分包的情况应立即提出整改要求。

案例 7 检测单位资质不全的问题

【问题描述】

2021 年 4 月，江苏省盐城市滨海县某 LNG 接收站项目。质量监督工程师在对该项目检测单位质量行为抽查过程中，发现 LNG 储罐检测单位的资质证书（CMA 或 CNAS）未涵盖射线检测标准 ISO 17636。

【监督依据】

该问题违反《检验检测机构资质认定管理办法》（国家质监总局令第 163 号）第二十五条的规定："检验检测机构应当在资质认定证书规定的检验检测能力范围内，依据相关标准或者技术规范规定的程序和要求，出具检验检测数据、结果。"

【案例评析】

1. 该问题反映出检测单位、总承包单位、监理单位对企业资质（CMA 或 CNAS）的适用范围和特点理解不到位。检验检测机构的资质认定证书（CMA）或实验室认可证书（CNAS）都强调"依据相关标准或技术规范规定的程序和要求，出具检验检测数据、结果"，这就意味着这两种证书适用范围肯定和具体的检验检测标准或者技术规范分不开。简单地说，只有在规定的认证或者认可的标准范围内开展工作，才算是有资质或资格的工作。对于本案中出现的情况，在射线检测标准 ISO 17636 未获得 CMA 或 CNAS 认证、认可的情况下而实施的检测活动属于无资质、资格的工作，存在较大的质量风险，发包单位应不予接受。

2. 监理单位、总承包单位现场的专业管理人员也缺乏相应的管理能力，疏于对检测单位资质、资格的审查，造成无资质、资格实施检测的事实。

【问题处置】

1. 工程质量监督机构对该问题施工单位和监理单位下达《建设工程质量问题整改通知书》，责令限期整改。

2. 要求检测单位在未提出整改方案前暂停内罐射线检测，由于检测单位的认证资质证书涵盖 GB/T 3323（修改采用 ISO 17636），对比 GB/T 3323 和 ISO 17636 两个标准的内容，技术要求完全一致，仅有引用标准名称不一致（引用标准内容相同）。质量监督工程师建议检测单位向总承包单位发出工程变更联络单，提出修改设计文件中关于内罐射线检测标准的要求（增添 GB/T 3323）。

【经验教训】

1. 尽管总承包单位在招标文件中对检测单位的企业资质作出了要求，但是检测单位并没有意识到或者有意忽视 CMA/CNAS 资质、资格适用范围。另外，评标人员对于 LNG 接收站项目内罐检测缺乏相应的了解，对于 CMA/CNAS 资质、资格适用范围也缺乏深入理解，造成了实际上无资质或资格承揽合同的事实。由于实际上的监督工作开展滞后于检测单位招标，这给监督工作带来不小的困难。

2. 检测人员在接收到检测指令后，依据检测指令和现场条件直接制定检测作业指导文件并实施检测的行为违反了检测工作程序的一般要求，这是造成本案的直接原因。按照检测工作程序，检测人员接收检测指令后，在查阅《通用检测工艺规程》时，应该很容易发现《通用检测工艺规程》的适用标准并未包含 ISO 17636，进而提出问题和解决方案，避免本案的发生。

案例 8 检测单位资质范围问题

【问题描述】

2014 年 8 月，浙江省宁波市大榭开发区某馏分油综合利用项目。质量监督工程师在对该项目检测单位注册资料审查过程中，发现 LPG 储罐检测单位的特种设备无损检测核准证书未涵盖 TOFD（超声波衍射时差法）检测，与即将进行的检测工作内容不匹配。

【监督依据】

该问题不符合《特种设备检验检测机构核准规则》（TSG Z7001—2004）第

一章第四条“经过核准的检验检测机构，方可从事在核准项目内的检验检测工作”的要求。

【案例评析】

由于 LPG 储罐临路建造，建设单位从施工进度、施工安全的角度出发，要求设计单位变更储罐对接焊缝的检测方法，即由常规的 100%射线检测+20%超声波检测变更为 100%TOFD 检测+20%射线检测，这一行为是造成本案的直接原因。如果双方继续执行合同，将有触犯法律法规的风险。

【问题处置】

1. 质量监督工程师要求责任单位（建设单位、检测单位）在未提出合理的整改方案之前，不得实施 TOFD 检测。

2. 质量监督工程师否定了对于建设单位和检测单位提出在不改变合同前提下，改由检测单位将 TOFD 检测发包给有资质的检测单位的整改方案。要求建设单位严格按照特种设备安全技术规范的要求将 TOFD 检测发包给具有相应资质的检测单位。

【经验教训】

1. 建设单位在实施无损检测部分的设计变更前，应充分考虑检测单位企业资质是否满足特种设备安全技术规范的要求。如果既定检测单位的企业资质不能满足变更后的要求，应重新对检测内容开展招投标工作。

2. 建设单位、检测单位对特种设备行业无损检测核准规则和无损检测分包管理要求缺乏深入的了解。首先，特种设备的检验检测机构承揽特种设备行业无损检测工作的前提是实施的检测方法其核准范围内［目前特种设备的无损检测机构核准内容有 CG（含 RT、UT、MT、PT）、TOFD、AE、ECT、MLF 五项八种方法］。其次，特种设备行业无损检测的分包应满足《特种设备检验检测机构质量管理体系要求》（TSG Z7003—2004）第六章第二十五条“（一）分包的工作应当符合下列情况：1. 在无法预料或者非正常的情况下，例如关键人员临时不能上岗、关键检验检测设备临时不能投入使用等；2. 检验检测机构在一些特殊领域缺少专门的技术或装备”的要求。

案例 9 检测人员资格不符的问题

【问题描述】

2021 年 4 月，浙江省宁波市大榭开发区某仓储项目。质量监督工程师在对该项目储罐施工检查过程中发现，无损检测人员 A 实施 T201 罐渗透检测。通过对注册资料、检测记录等抽查，发现检测人员 A 仅持有特种设备无损检测 RT-Ⅱ级证书，且未在项目检测单位注册，却在现场从事超出核准范围的压力管道射线检测工作。

【监督依据】

该问题违反《中华人民共和国特种设备安全法》第三章第五十一条的规定："特种设备检验、检测机构的检验、检测人员应当经考核，取得检验、检测人员资格，方可从事检验、检测工作。特种设备检验、检测机构的检验、检测人员不得同时在两个以上检验、检测机构中执业；变更执业机构的，应当依法办理变更手续。"

【案例评析】

检测单位现场配备人员不足，对检测工作质量管理要求不严格、质量意识淡薄是造成本案的主要原因。监理单位、建设单位缺少无损检测专业管理人员，且对无损检测工作管控意识淡薄，未对检测人员 A 个人资格和注册手续及时审核，造成了违法违规的事实。

【问题处置】

1. 工程质量监督机构对该问题施工单位和监理单位下达《建设工程质量问题整改通知书》，责令限期整改。

2. 质量监督工程师要求检测单位立即停止检测人员 A 在项目上的检测工作，并补充足够的检测人员开展现场后续的检测工作。

3. 质量监督工程师要求检测单位、监理单位核查检测人员 A 实施的检测工作内容，要求检测单位选派有资格的检测人员重新实施检测。

【经验教训】

1. 监理单位、建设单位应加强对特种设备无损检测人员资格的管理。改变检测人员只要持证即可实施相应等级检测工作的固有思维，确保特种设备无损检测人员管控做到"人证一致"。

2. 检测单位应加强检测工作质量管理意识。无损检测工作质量依赖于检测人员，配备足够的检测人员才能保证检测工作顺利实施，配备符合要求的检测人员才能保证检测工作依法合规。

案例 10　检测人员无培训证的问题

【问题描述】

2021 年 4 月，江苏省盐城市滨海县某 LNG 接收站项目。质量监督工程师在对该项目检测单位质量行为抽查过程中，发现射线检测透照人员 B 缺少辐射安全培训合格证。

【监督依据】

该问题违反《放射性同位素与射线装置安全和防护管理办法》第三章第十八条的规定："生产、销售、使用放射性同位素与射线装置的单位，应当按照环境保护部审定的辐射安全培训和考试大纲，对直接从事生产、销售、使用活动的操作人员以及辐射防护负责人进行辐射安全培训，并进行考核；考核不合格的，不得上岗。"

【案例评析】

检测人员自身缺乏工作安全意识，认为持有特种设备无损检测资格证书即可从事射线检测工作，忽视国家关于职业辐射安全管理的要求。检测单位对于检测工作安全管理意识淡薄，为保证检测工作进度，安排不具备安全工作技能的人员实施检测工作，为检测工作的安全实施埋下隐患。

【问题处置】

1. 质量监督工程师要求检测单位立即停止检测透照人员 B 在项目上的射线透照工作并将检测透照人员 B 佩戴的个人计量仪送检，核定个人吸收剂量以确定后续处理措施。并要求检测单位补充具备相应资格的检测人员开展后续的射线透照工作。

2. 质量监督工程师要求监理单位加强对射线透照人员的资格审核，保证技术能力和安全技能。

【经验教训】

1. 监理单位应加强对射线检测人员安全资格的管理，加强现场辐射作业安全的管控。

2. 检测单位应加强检测工作安全管理意识。明确职业辐射工作人员在不同的场所、使用不同类型的射线源对辐射培训证书等级的要求。在项目上从事 γ 射线移动探伤设备的检测人员须持有中级或高级培训证书，从事Ⅱ类射线装置的工作人员须持初级以上培训证书。

案例 11　质量保证体系文件问题

【问题描述】

2018 年 12 月，贵州省黔西南州晴隆县某长输管道项目。质量监督工程师在对该项目检测单位质量保证体系文件进行审查的过程中，发现检测单位编制的无损检测作业方案中引用的无损检测技术标准和验收规范与工程实际不符。

【监督依据】

该问题违反《油气长输管道工程施工及验收规范》（GB 50369—2014）第10.3.2条“无损检测应符合国家现行标准《石油天然气管道工程全自动超声波检测技术规范》GB/T 50818和《石油天然气钢质管道无损检测》SY/T 4109的规定，射线检测及超声检测的合格等级均应为Ⅱ级”的要求。

【案例评析】

1. 检测单位的项目组织机构未认真研读设计文件，未深入了解本工程特点和专项技术要求，照搬照抄其他项目的检测作业方案，文件编制过程失控。检测单位对该项目重视程度不够，致使重要作业文件内部审核程序流于形式。从而造成了检测作业方案内容粗制滥造，不能有效指导后续检测作业，为后续检测工作的实施埋下隐患。

2. 监理单位缺少专业的无损检测工程师，审核检测作业方案的焊接监理工程师对无损检测工作不了解，缺乏检测工作质量管控能力，未尽到合同规定的职责。

【问题处置】

1. 质量监督工程师要求检测单位项目部根据设计文件和相应技术规范重新组织编制检测作业方案，完成内外部审核流程，并易于被检测人员取阅和实施。

2. 质量监督工程师要求监理单位配备无损检测专业监理工程师，切实做好作业方案审核和检测过程实施的监管工作，坚决杜绝“写一套，做一套”的不良习惯，为管道焊接把好最后一道关。

【经验教训】

1. 检测作业方案（有时以施工组织设计的形式出现）是检测单位关于项目检测活动纲领性的文件，也是项目检测工作质量保证体系的核心文件。一般来说，检测作业方案由检测单位项目经理组织编制，经检测单位技术负责人组织各专业责任师审核、批准后向监理单位、建设单位报审。检测作业方案内容以合同约定和设计文件规定为基础，结合工程实际和具体检测技术标准，满足法律法规和客户的各项要求。在具体执行过程中，其他未尽事宜还应符合检测单位质量管理体系文件的要求。结合近年来的监督抽查结果看，各检测单位的检测作业方案均存在不同程度的针对性不强、内容不完整、采标不准确、审批流程不正确等现象，在监督检查过程中应着重关注。

2. 在长输管道项目中，监理单位应配备无损检测专业监理工程师。该岗位工程师不仅要掌握各类无损检测技术的特点和适用范围，还应了解检测单位质量保证体系的特点。专业监理工程师应认真审核检测单位提交的作业方案，重点审查各项质量保证要素与项目实际是否匹配，切实履行监理职责。

案例12 检测作业指导书缺项问题

【问题描述】

2021年11月，江苏省盐城市滨海县某LNG接收站项目。质量监督工程师在对该项目检测单位质量行为抽查过程中，发现检测单位射线检测作业指导书JSBHLNG-GX-ZDS/RT-02-2021，缺少对检查等级为1级的焊缝的额外评定要求（不允许存在咬边等缺陷），且采用透照工艺参数与该设备的曝光曲线相差较大。

【监督依据】

该问题不符合设计文件及《石油化工有毒、可燃介质钢制管道工程施工及验收规范》（SH 3501—2011）第7.5.4条“……b）设计温度低于−29 ℃的管道、不锈钢和抗拉强度下限值等于或大于540 MPa的合金钢管道焊缝表面，不得有咬边现象……”和《承压设备无损检测　第2部分：射线检测》（NB/T 47013.2—2015）第5.10.1条“对每台在用射线设备均应做出经常检测材料的曝光曲线，依据曝光曲线确定曝光参数”的要求。

【案例评析】

检测单位项目射线检测专业责任师未充分理解检测对象所处的使用环境，未认真研读设计文件和验收规范，仅按照检测工作指令要求制定检测作业指导书。在LNG项目中，不锈钢管线一般用于低温流体的输送。咬边的存在会引起焊缝的应力集中，降低焊缝的低温性能。

【问题处置】

1. 质量监督工程师要求检测单位重新制定检测作业指导书并组织检测人员重新进行技术交底，确保后续低温钢焊缝的检测工作质量。对所有低温管线的底片进行100%复评，对于存在的咬边部位下达返修指令，待施工单位完成返修后重新实施检测。

2. 质量监督工程师要求总承包单位和监理单位监督检查检测单位的整改活动，并对所有低温管线的底片实施复评，确保底片评定质量。

【经验教训】

1. 检测作业指导书是检测工作质量的有效保证（保证检测结果的一致性和可靠性），是具体检测工作开展的指导性文件。检测作业指导书一旦编审批流程完成后，检测作业人员只能严格执行，不得更改。为此每个检测单位都会按照法律法规或认可文件的要求，设置专门的负责工艺纪律监督人员对工艺纪律进行定期或不定期的监督检查。

2. 检测作业指导书编制的直接依据是检测工作指令（结合实际检测环境）

和检测单位《通用工艺规程》或《专用工艺规程》，涵盖检测工作准备、检测作业实施、检测结果评定及回复等检测活动的全过程。从近年来的检查结果看，各方对检测工艺实施部分关注较多，而对检测结果评定部分仅仅是“合格级别”的核验，没有覆盖到深层次的设计文件、验收标准的特殊要求。

3. 对于管道焊缝来说，一般是单面焊接双面成型，管道外表面的咬边很容易为焊接质量管理人员发现并返修，但是管道内表面的咬边则需依赖无损检测手段来控制。检测单位在编制检测作业指导文件时，应同焊接质量管理人员沟通，齐抓共管，确保焊缝质量。

案例 13　现场复验检测造假问题

【问题描述】

2021 年 10 月，天津市滨海新区南港工业区某基地项目。质量监督工程师在对该项目检测单位的底片抽查过程中，发现底片 JG-CA-45、PQ-CA-59 两道焊口底片重复拍照，存在检测造假的行为。

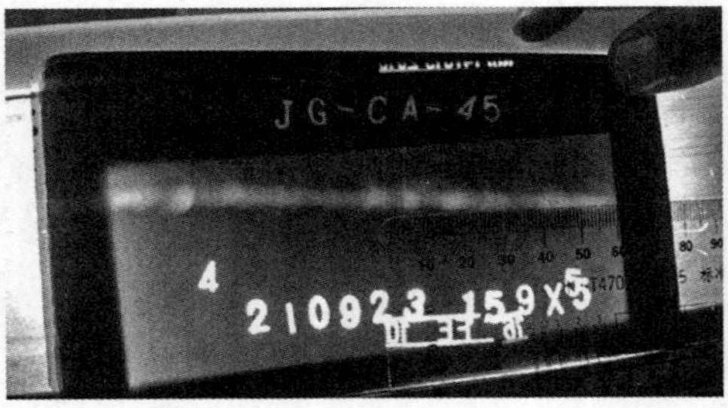

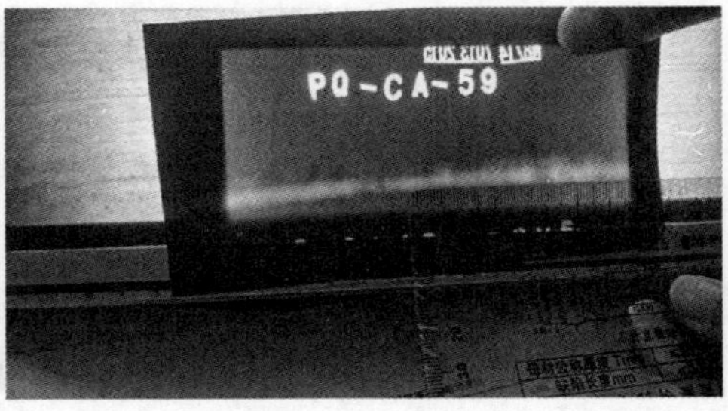

【监督依据】

该行为违反《特种设备安全监察条例》第四章“检验检测”第四十五条的规定：“特种设备检验检测机构和检验检测人员进行特种设备检验检测，应当遵循诚信原则和方便企业的原则，为特种设备生产、使用单位提供可靠、便捷的检验检测服务。”

【案例评析】

1. 检测单位射线透照操作人员和底片评定人员违背基本的职业道德，为追求检测效率，对同一道焊口进行重复拍照，公然造假。

2. 检测单位缺乏质量管控意识、检测工作质量完全失控。该底片同前述案例一样，是同一家检测单位挑选后再报送至监督站备查的。

3. 监理单位和项目管理单位未配备无损检测专业工程师，监管失职。

【问题处置】

1. 质量监督工程师责令检测单位评估检测工作质量管理失控原因并制定处理方案，报送建设单位。

2. 质量监督工程师责令检测单位立即整改，对两处焊口重新实施检测，重新出具检测结果。在监理单位和项目管理单位的监管下，复评项目所有底片，避免此类现象再次发生。

3. 质量监督工程师要求监理单位和项目管理单位配备专业无损检测工程师，全过程监督检查和参与底片复评工作，切实履行监督管理职责。

【经验教训】

1. 检测工作造假贻害无穷，给企业安全生产带来极大的隐患。

2. 检测工作造假隐蔽性极强，在日常监督检查过程中，很难发现这种造假的现象。一般来说，检测单位现场在同一道焊口上“补片”或重复拍片，仅能从管径和壁厚上来区分。对于同一规格、不同管线的焊口，如果没有特殊的特征（如缺陷形状和分布，焊口内部、外观形态等），几乎无法分辨。加上底片归档方式（如按照不同的试压包或管线系统等）、透照日期的跳跃等，通过抽查的方式很难辨别真假。

案例 14 射线检测底片标记正确性问题

【问题描述】

2019 年 12 月，福建省福州市某站场项目。质量监督工程师抽查该项目无损检测单位射线底片，发现编号 PT02-01-VH-31507-SL ＋ 002、PT02-01-VH-31507-SL ＋ 003、PT02-01-NG-31518-SL ＋ 002W、PT02-01-NG-31518-SL ＋ 003W 的射线底片，射线底片上显示规格 ∅60 mm×3.5 mm，与焊口无损探伤指令上显示的规格 ∅60.3 mm×5 mm 不一致，射线检测人员未严格按照无损探伤指令的要求进行射线检测作业。

【监督依据】

该问题不符合《承压设备无损检测 第 2 部分：射线检测》（NB/T 47013.2—2015）第 5.13.1 条的要求：“底片标记应能清晰显示且不至于对底片的评定带来影响，标记的材料和厚度应根据被检工件的厚度来选择。”同时底片显示规格不符合项目设计文件 VH-50-31507-6CS-1/1 中，管材第（1）条无缝钢管 ∅60.3×5 的要求，实际射线底片上显示的规格与设计文件要求不一致。

【案例评析】

1. 根据对应的检测标准，对于小径管透照，透照厚度对曝光参数和像质计的选择有重要的影响，透照厚度的错误，将导致像质计选择错误，像质计灵敏度达不到标准要求，最终导致底片质量不符合标准要求。

2. 该问题反映出该项目无损检测单位多个环节的质量管控不到位，从射线底片透照人员到射线底片评定人员的责任心不强，都未认真检查核对《焊口无损探伤指令》中的重要参数，射线底片透照人员未严格执行《焊口无损探伤指令》，放置标记时未认真与《焊口无损探伤指令》进行核对，射线底片评定人员在进行初评和复评时，都未认真复核焊口的规格，最终导致无损检测质量管理层层失控、射线底片上显示规格错误的情况出现。

3. 该问题也反映出监理单位对无损检测单位的监管不到位，忽视对小径管射线底片的抽查。

【问题处置】

1. 工程质量监督机构对该问题无损检测单位下达《建设工程质量问题整改通知书》。

2. 无损检测单位根据《焊口无损探伤指令》中的规格，重新对该焊口进行射线透照，重新评定，并对类似规格的焊口进行排查。

3. 监理单位对无损检测单位问题整改情况进行监督、复核。

【经验教训】

1. 本案中的焊口规格是射线检测工艺制定的重要依据，如果规格选择错误将会导致后续的各项参数错误，影响射线底片质量的同时，也将会影响到底片的最终移交。因此，无损检测单位要特别重视对焊口重要参数的审查，防止从一开始就出现错误，一错到底。

2. 该问题反映出无损检测单位对本单位射线检测人员的管理不到位，从射线透照人员到射线底片评定人员，都存在未严格执行检测工艺的情况，任何一个环节认真执行检测工艺要求都会及时发现该问题。射线透照人员作业前认真核对《焊口无损探伤指令》，射线底片评定人员认真填写底片评定记录，都会在相应的环节发现问题。

3. 无损检测单位在以后的射线检测作业管理中，应加强对射线检测人员的培训教育，令其认识到问题的严重性，要求射线检测人员严格执行检测工艺文件，认真核对《焊口无损探伤指令》中的重要参数。同时，要加强对相关射线底片评定人员的管理，射线底片评定人员也要加强对底片重要信息的判断，发现问题应及时核对，评定后及时填写射线底片评定记录，复评人员也要认真复评每一张射线底片，真正起到底片复评的作用。

4. 监理单位在对无损检测单位射线底片抽查时，要增加覆盖范围，对容易出现错误的参数要重点关注。

案例 15 超过标准检测范围编制操作指导书问题

【问题描述】

2020 年 5 月，广东省惠州市大亚湾区某石油化工项目。质量监督工程师抽查无损检测单位钢结构对接焊接接头《焊缝超声检测操作指导书》，发现被检焊缝的规格为 HW300×300×7×10（单位为 mm），被检部位最小厚度 7 mm，超出检测标准《焊缝无损检测 超声检测 技术、检测等级和评定》（GB/T 11345—2013）母材厚度不小于 8 mm 的最小厚度范围，选择标准不适当。

【监督依据】

该问题不符合检测标准《焊缝无损检测 超声检测 技术、检测等级和评定》（GB/T 11345—2013）中的范围“本标准规定了母材厚度不小于 8 mm 的低超声衰减（特别是散射衰减小）金属材料熔化焊焊接接头手工超声检测技术”的要求。

【案例评析】

1. 《焊缝超声检测操作指导书》是指导现场超声检测的重要文件，经过专业人员严格审核后方可执行，但是该指导书中检测范围超出标准要求的情况，编制人和审核人均未发现，说明无损检测单位的编制人和审核人对检测标准的范围不熟悉，未认真学习相关检测标准的内容，相关委托单接收人员和监理单位专业工程师也未认真核对委托单信息，最终导致问题发生。

2. 该问题反映出监理单位专业工程师对检测标准的内容不熟悉，未及时发现委托部件的厚度范围与检测标准要求不一致的情况。

3. 无损检测单位委托单接收人员对委托单内容未认真检查，对相关检测标准的检测范围要求不熟悉，《焊缝超声检测操作指导书》编制和审核人员盲目根据委托单编制工艺，未认真核对检测标准的检测适用范围。

【问题处置】

1. 要求无损检测单位向委托方反馈该问题，委托方需与设计单位沟通，更换满足检测厚度范围的检测标准，并根据标准要求重新下发《无损检测委托单》。

2. 无损检测单位根据新的委托单，重新编制《焊缝超声检测操作指导书》，重新对此规格部件进行检测评定。

3. 监理单位对无损检测单位问题整改情况进行复核。

【经验教训】

1. 本案中被检部件的厚度是超声检测的重要信息，决定了超声检测工艺文件的编制、超声检测工艺参数的选择、超声检测结果的评定。因此，《焊缝超声检测操作指导书》的编制人员必须根据检测标准要求认真核对被检部件的厚度，发现被检部件的厚度不在检测标准规定的范围时，应及时与委托方沟通，由委托方与设计单位沟通适用标准问题。本案发现的问题设计单位同意更换《承压设备无损检测 第3部分：超声检测》（NB/T 47013.3—2015）作为检测标准。

2. 监理单位专业工程师在审查《无损检测委托单》时，应重点检查被检部件规格信息，并与相关标准范围认真核对，确认无误后方可签字。

3. 无损检测单位在接收委托单时，应由超声波检测专业技术人员签字接收，避免非专业技术人员接收委托单。同时，无损检测单位也要加强本单位超声检测专业技术人员对相关检测标准的理解和学习，加强对《焊缝超声检测操作指导书》的审核。

案例16 渗透检测指导书未覆盖非标温度问题

【问题描述】

2021年11月，天津市滨海新区某储罐项目。质量监督工程师检查无损检测单位过程资料时，发现编号N21-G012-PT-002的《渗透检测操作指导书》中，渗透温度范围填写10～50 ℃，无法指导当前温度环境下的渗透检测作业，当前季节为冬季，最低环境温度已低于0 ℃。

【监督依据】

该问题不符合检测标准《承压设备无损检测 第5部分：渗透检测》（NB/T 47013.5—2015）第6.2.2条渗透时间和温度，在整个检测过程中，渗透检测剂的温度和工件表面温度应该在5～50 ℃的温度范围……当温度条件不能满足上述条件时，应按附录B对操作方法进行鉴定。

【案例评析】

1. 渗透检测温度是决定渗透检测是否成功的重要因素，高温或低温都可能造成渗透检测失败，危害性缺陷无法正常显示，渗透检测工艺的编制人员应根据被检部件温度的变化，编制适宜的操作指导书，这样才能真正起到指导现场渗透检测的作用。

2. 该问题反映出该项目无损检测单位渗透检测工艺编制人员责任心不强，对相关标准要求不熟悉，在渗透检测温度变化时，未能及时更新操作指导书。

3. 该问题也反映监理单位专业工程师对渗透检测关键点的监管不力，季节温度变化后，未对无损检测单位的工艺文件重点检查。

【问题处置】

1. 要求无损检测单位根据标准要求和环境温度重新编制相应的操作指导书，

并检查核对已完成的渗透检测部件是否超出指导书的温度范围，必要时进行对比试验鉴定。

2. 监理单位对无损检测单位问题整改情况进行见证、复核。同时，要加强对非标温度下渗透检测过程的管控。

【经验教训】

1. 本案中涉及的渗透检测温度问题，在北方冬季的渗透检测作业中经常出现，北方地区的冬季环境温度普遍低于 0 ℃，渗透检测标准的温度范围 5～50 ℃已经无法覆盖。根据检测标准的要求，在低于 5 ℃的条件下进行渗透检测时，需要做对比试验鉴定，鉴定结果通过后方可开展渗透检测作业，鉴定结果不通过时，不得开展渗透检测作业。

2. 渗透检测专业技术人员在冬季进行渗透检测时，应能预见温度变化对渗透检测结果的影响，及时根据实际温度情况编制相应的操作指导书，使其真正起到指导现场渗透检测作业的作用。

3. 监理单位的专业工程师也要注意对渗透检测关键点的监管，加强对现场渗透检测作业的巡查，发现违规作业的情况要及时制止。

案例 17　焊材库管理不善问题

【问题描述】

2021 年 11 月，山东省龙口市某海洋石油工程项目。质量监督工程师在对项目施工单位焊材库检查时，发现现场焊材库无温湿度控制措施，仓库存放杂物，未编制焊材烘烤记录和焊材发放回收记录。

【监督依据】

该问题不符合《焊接材料质量管理规程》（JB/T 3223—2017）第 6.2 条的规定："焊接材料的储存库应保持适宜温度及湿度，一般室内温度不低于 5 ℃，相对湿度不大于 60%。对于因吸潮而可能导致失效及有特殊要求的焊接材料，应采取必要的存放措施，如设置货架，采用防潮剂、去湿气，设置恒温恒湿室等。"

【案例评析】

1. 标准规范中对焊材库的储存（温度和湿度）、烘烤、发放和回收均有明确要求，焊材库环境和烘烤保温对焊材的性能有较大影响，发放和回收记录是焊接溯源的重要依据。施工单位应建立焊材管理和发放回收管理制度，对焊材的储存和管理使用严格执行标准规范要求，从焊接材料的源头控制焊接质量。

2. 本案例中施工单位管理不善，未对焊材库的管理足够重视，未按规范要求进行温湿度控制和焊材发放管理。

【问题处置】

1. 工程质量监督机构对该问题施工单位下发《建设工程质量问题整改通知书》，责令限期整改。

2. 要求施工单位对焊材库存在问题进行整改，设置温湿度仪和调节温度、湿度的设备，对焊材库杂物进行清理，认真记录焊材烘烤和发放回收情况。

【经验教训】

1. 焊材的质量直接影响焊接质量，焊材的储存和管理对焊材特别是手工焊焊条、药芯焊丝和埋弧焊焊剂等的影响较大，应特别重视。焊材储存管理不当易造成焊条、药芯焊丝吸潮，进而造成气孔或焊缝性能下降等质量问题。

2. 质量监督人员现场检查时应重点关注焊材库的储存环境和焊材的烘烤、发放和回收管理。

案例 18　焊接工艺评定、工艺规程未完成审批即进行施焊

【问题描述】

2021 年 11 月，山东省龙口市某海洋石油工程项目。质量监督工程师在项目检查时，发现施工单位桩腿外板焊接工艺评定和焊接工艺规程未经建设方和第三方确认及签章，现场已进行施焊。

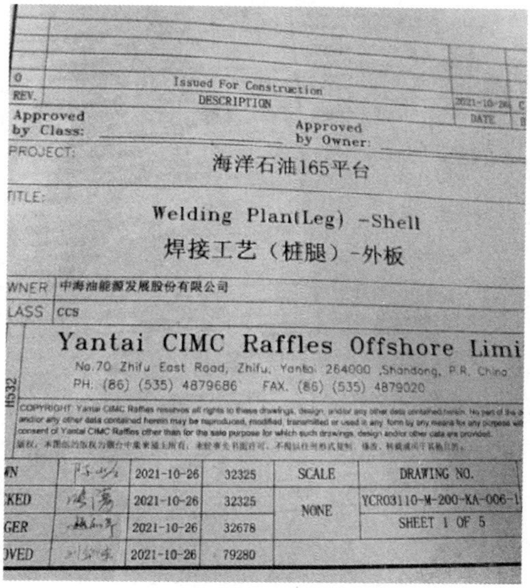

【监督依据】

该问题不符合中国船级社《材料与焊接规范》（2018）第 3 章下列规定：第 3.1.2.3 条“焊接工艺规程（WPS）是工厂根据合格的焊接工艺试验报告，对焊接工艺计划书修改完善后并经 CCS 正式批准的技术文件，用以指导产品生产焊接”；第 3.1.3.5 条“工厂应根据试验结果，编写完整的焊接工艺规程，并附以试验报告一起提交 CCS 认可”。违反项目《建造技术规格书》第 3.2 条“材料、工艺”中要求“对于高强度钢的焊接与施工，建造方应编写符合规范要求的焊接工艺，报船级社和船东认可，并按照认可的工艺进行施工”和第 7.1 条“桩腿结构”中要求“未经船东和船级社批准，不允许在桩腿任何材料上进行任何电焊、气割操作”的规定。

【案例评析】

1. 中国船级社《材料与焊接规范》及项目《建造技术规格书》均对焊接工艺规程的编制与审批有明确要求，项目开工前须有评定合格的焊接工艺评定报告并编制焊接工艺规程，经第三方船级社审批后才能用于施工。

2. 本案例中桩腿外板较厚，编制预焊接工艺规程时施工单位选择以 CTOD（金属材料裂纹尖端张开位移）试验代替焊后热处理工艺，但 CTOD 试验周期较长，试验结果又是焊接工艺评定报告的前置条件，因 CTOD 试验结果不合格导致的返工风险将由施工单位承担。

3. 本案例中施工单位因项目工期紧张，未严格履行项目文件审批程序，文件未编制审批完成即开始施工，质量管理意识淡薄。

【问题处置】

1. 工程质量监督机构对该问题施工单位下发《建设工程质量问题整改通知书》。

2. 施工单位应密切关注 CTOD 试验完成情况，及时完成焊接工艺评定和焊接工艺规程并进行报审审批。

【经验教训】

1. 焊接工艺评定和焊接工艺规程未完成编制审批即进行施工，易出现项目整体焊接质量不符合设计或规范要求导致返工返修现象。

2. 对于厚度大于 50 mm 的焊接接头和受力复杂的管节点，应根据设计或规范要求进行焊后消除内应力的热处理，或进行 CTOD 试验证明焊接接头具有良好的断裂韧性。在 CTOD 试验周期不满足工程施工进度要求的情况下，建议采用焊后热处理工艺，以保证焊接施工符合程序要求，消除重大质量事故隐患。

3. 质量监督人员在现场检查时，应关注大厚度钢板和受力复杂管节点的焊接工艺评定和焊接工艺规程审批情况，重点检查 CTOD 试验代替焊后热处理工艺的可行性及相关报告资料。

案例 19　焊工资质问题

【问题描述】

2021 年 11 月，山东省龙口市某海洋工程项目。质量监督工程师在项目检查时，发现现场已进行桩腿高强度钢纵缝手工电弧焊（SMAW）打底焊接施工，但施工单位无法提供船级社认可的手工电弧焊焊工资质。经确认，负责上述焊接施工的焊工尚未获得船级社手工电弧焊资格考试认证。

【监督依据】

该问题不符合中国船级社《材料与焊接规范》（2018）第 3 章第 1.1.3.1 条的规定：“为保证焊接质量，各船舶、海上设施或船用产品的制造厂的焊工应按本篇第 4 章的要求参加焊工资格考试。只有持有 CCS 颁发或承认的《焊工资格证书》的焊工方可从事与其证书相应的焊接工作。”

【案例评析】

1. 规范中对焊工资质及作业范围有明确要求，未经过第三方船级社焊工资格考试的焊工严禁在项目施焊。

2. 本案例施工单位为外委分包单位，管理人员和技术人员力量薄弱，对焊工资质管理不严。

3. 暴露出项目焊工资质报验环节失控，桩腿焊接工艺规程中规定纵缝打底焊为手工电弧焊，施工单位应配备对应的手工电弧焊焊工。检查焊工进场报验资料发现该项资质缺失，第三方船级社和建设单位对焊工资质报验环节把关不严。

【问题处置】

1. 工程质量监督机构对该问题施工单位下发《建设工程质量问题整改通知书》。

2. 施工方应组织相关焊工考取对应的焊工证书，同时责令现场立即停止施焊，直至问题得到解决为止。同时施工单位应加强现场施工管理，杜绝焊工无资格施焊情况再次发生。

【经验教训】

1. 焊工未取得相应资质便进行焊接施工，其焊接技术能力无法保证。无证施焊会对工程焊接质量造成较大隐患。

2. 焊工资格检查是工程质量监督检查的重点内容，质量监督人员应对焊工的资格证书及施焊范围与现场施焊范围进行核对，确保焊工资格符合要求。

案例 20　焊接工艺规程编制不符合焊接工艺评定报告问题

【问题描述】

2021 年 10 月，浙江省宁波市某石化项目。质量监督工程师检查时，发现施工单位编制的一份管道焊接工艺规程中焊接参数（焊接电流、焊接电压、焊接速度）超出所依据的焊接工艺评定报告中的焊接参数，焊接工艺规程未依据相应的焊接工艺评定报告进行编制。

【监督依据】

该问题不符合《现场设备、工业管道焊接工程施工规范》（GB 50236—2011）第 5.0.10 条“工程产品施焊前，应根据焊接工艺评定报告编制焊接工艺规程，用于指导焊工施焊和焊后热处理工作”的规定。

【案例评析】

1. 焊接工艺规程是指导现场施焊的重要工艺文件，该问题暴露出施工单位未正确理解标准中焊接工艺规程制定的原则，编制焊接工艺规程中焊接参数较随意，未重视焊接工艺规程的指导作用，导致现场使用的焊接工艺规程与报审的焊接工艺评定报告中焊接参数不一致。

2. 监理单位未严格对施工单位报审的焊接工艺规程和焊接工艺评定进行审核，文件审核程序流于形式。

【问题处置】

1. 工程质量监督机构对该问题施工单位下发《建设工程质量问题整改通知书》，责令限期整改。

2. 针对该问题要求施工单位根据报审的焊接工艺评定报告重新编制焊接工艺规程，并报监理单位审核。

3. 监理单位和建设单位专业工程师应加强对施工单位焊接工艺规程的审核，对不符合要求的技术文件退回重新修改。

【经验教训】

1. 焊接工艺规程的编制不符合相应的焊接工艺评定报告的现象在项目上比较常见，焊接方法、焊接参数的选择直接影响焊接热输入的大小和焊缝性能。项目施工过程中一些施工单位专业技术人员力量薄弱，焊接工艺规程的编制不严谨，无法保证焊缝性能符合要求，留下较大质量隐患。

2. 监督人员现场检查时应重点关注现场使用的焊接工艺规程与相应焊接工艺评定报告的符合性，如母材、焊材的选择，焊接方法的选择，焊接参数的制定，预热、焊后热处理的相关参数等，确保现场焊接工艺文件符合要求。

案例 21　焊工超越资质施焊问题

【问题描述】

2021 年 8 月，天津市滨海新区某液化天然气项目。质量监督工程师检查时，发现液化气（液化天然气）储罐穹顶梁一名焊工的焊工资格证仅具备横焊、立焊（2G、3G）资质，但在现场焊接仰焊（4G）位置。

【监督依据】

该问题不符合《特种设备焊接操作人员考核细则》（TSG Z6002—2010）第二十三条："持证焊工应当按照本细则规定，承担与合格项目相应的特种设备焊接工作。"及第 A4.3.5 条："（1）手工焊焊工或者焊机操作工，采用对接焊缝试件、角焊缝试件和管板角接头试件，经焊接操作技能考试合格后，适用于焊件的焊缝和焊件位置见表 A-6。"

表 A-6　试件适用焊缝和焊件位置

<table>
<tr><th colspan="2">试件</th><th colspan="4">适用焊件范围</th></tr>
<tr><th colspan="2"></th><th colspan="2">对接焊缝位置</th><th rowspan="2">角焊缝位置</th><th rowspan="2">管板角接头焊件位置</th></tr>
<tr><th>类别</th><th>代号</th><th>板材和外径大于600 mm的管材</th><th>外径小于或等于600 mm的管材</th></tr>
<tr><td rowspan="4">板材对接焊缝试件</td><td>1G</td><td>平</td><td>平（注 A-2）</td><td>平</td><td>—</td></tr>
<tr><td>2G</td><td>平、横</td><td>平、横（注 A-2）</td><td>平、横</td><td>—</td></tr>
<tr><td>3G</td><td>平、立（注 A-1）</td><td>平（注 A-2）</td><td>平、横、立</td><td>—</td></tr>
<tr><td>4G</td><td>平、仰</td><td>平（注 A-2）</td><td>平、横、仰</td><td>—</td></tr>
</table>

【案例评析】

1. 本案例中焊工持有 2G、3G 位置合格作业项目，可适用于平焊、横焊、立焊，但无法适用于仰焊位置，现场施焊仰焊位置属超越焊工资质施焊，无法保证焊缝质量。

2. 问题暴露出施工单位技术人员质量意识不强，现场焊接疏于管理，焊工资质管理不到位，监理单位对现场焊工资质范围和焊接位置未认真核查。

【问题处置】

1. 工程质量监督机构对该问题施工单位下发《建设工程质量问题整改通知书》。

2. 要求施工单位更换资质符合要求的焊工，对已经焊接的焊缝进行评估，必要时割口处理。

3. 监理单位应加强现场焊工管理的检查力度，对不符合要求的焊工及时叫停。

【经验教训】

1. 焊缝位置基本上由试件位置决定，不同的试件位置造成焊接难易程度不同，对焊工的操作技能要求也不同，因此标准中对不同位置代号适用的焊缝焊件位置均有明确要求，如板材对接焊缝试件平焊、横焊、立焊、仰焊位置的代号分别为 1G、2G、3G、4G，管材对接焊缝试件水平转动、垂直固定、水平固定、45°固定焊接位置的代号分别为 1G、2G、5G、6G。

2. 项目管理人员应熟悉特种设备作业人员证书中考试合格项目的含义，施焊前严格按照标准规范的要求安排资质符合的焊工，严禁无资质焊工或超越资质焊工施焊。

3. 质量监督人员现场检查时应重点关注现场焊工的合格作业项目范围与实际作业范围是否相符。

案例 22　焊工无资质施焊问题

【问题描述】

2021 年 8 月，天津市滨海新区某液化天然气项目。质量监督工程师检查时，发现施工单位 4 名焊工资格证书考试合格作业项目无螺柱焊资质，现场进行液化天然气储罐穹顶螺柱焊施工。

【监督依据】

该问题不符合《特种设备焊接操作人员考核细则》（TSG Z6002—2010）第二十三条“持证焊工应当按照本细则规定，承担与合格项目相应的特种设备焊接工作”及第 A4.2.1 条“焊接方法与代号见表 A-1……”的规定。

表 A-1　焊接方法与代号

焊接方法	代号
焊条电弧焊	SMAW
气焊	OFW
钨极气体保护焊	GTAW
熔化极气体保护电弧焊	GMAW（含药芯焊丝电弧焊 FCAW）
埋弧焊	SAW
电渣焊	ESW
等离子弧焊	PAW
气电立焊	EGW
摩擦焊	FRW
螺柱电弧焊	SW

【案例评析】

1. 螺柱焊作为一种焊接方法，标准中有明确的考核办法，现场螺柱焊焊工需持证上岗，在考试合格项目作业范围内施焊。

2. 施工单位和监理单位均未重视螺柱焊焊接，导致无该项资质的焊工操作螺柱焊，无法保证螺柱焊的质量。

【问题处置】

1. 工程质量监督机构对该问题施工单位下发《建设工程质量问题整改通知书》，责令限期整改。

2. 要求施工单位更换有螺柱焊资质的焊工，施焊前严格按照标准规范的要求安排资质符合的焊工，严禁无资质焊工或超越资质焊工施焊，对已经焊接的螺柱加大检测比例进行复测。

3. 监理单位应加强现场焊工管理，加大现场焊接巡视力度，对不符合要求的焊工及时叫停。

【经验教训】

1. 液化天然气储罐穹顶和承压圈上进行螺柱焊接是设计的基本要求，螺柱焊的焊接质量对项目的结构安全有重要影响。液化天然气储罐项目上螺柱焊焊工无资质上岗的现象比较常见，施工单位一般安排具有其他焊接方法资质的焊工进行施焊，对储罐的安全留下隐患。

2. 焊工资格检查是工程质量监督检查的重点内容，质量监督工程师应对焊工的资格证书及考试合格作业项目与现场施焊范围进行核对，确保焊工资格符合要求。

案例 23　焊接工艺评定和焊材质量问题

【问题描述】

2021 年 9 月，江苏省盐城市某液化天然气项目。质量监督工程师检查时发现，接收站施工单位报审的焊接工艺评定报告中，力学性能实验报告无 CMA 印章，母材质量证明文件中无力学性能项。报审文件中 ER308L 焊丝质量证明文件无铁素体含量。

【监督依据】

该问题不符合项目《管道焊接与检验技术规格书》第 A1.2.3 条“铁素体应满足 3%～10%的要求”及《中华人民共和国计量法》第二十二条“为社会提供公证数据的产品质量检验机构，必须经省级以上人民政府计量行政部门对其计量检定、测试的能力和可靠性考核合格”的规定。

【案例评析】

1. 施工单位未严格执行文件报验制度。技术管理人员对报审的文件资料整理不完整，缺少母材质量证明文件中力学性能参数，对焊接工艺评定中力学性能报告未加盖 CMA 印章及焊材报验文件审核不严格，焊材质量证明文件中无铁素体含量，对不符合要求的资料未整改。

2. 监理工程师未对施工单位报审的文件资料严格审核。监理单位对施工单位报审的材料审核流于形式，未严格执行监理监管责任。

【问题处置】

1. 工程质量监督机构对该问题施工单位下发《建设工程质量问题整改通知书》，责令限期整改。

2. 要求施工单位重新对该焊接工艺评定和焊材质量证明文件进行报验，补齐相应缺项，联系力学性能实验室补齐 CMA 印章。

3. 监理单位应加强对施工单位报审的文件资料审查，对不符合要求的报审资料要求施工单位整改，确保符合标准和设计文件的要求。

【经验教训】

1. 焊接工艺评定是施工单位证明自身能力的重要文件，施工单位未认识到理化性能检测报告加盖 CMA 印章标志的意义，未加盖资质认定标志（CMA）的检验检测报告、证书，不具有对社会的证明作用，没有社会公信力，且母材力学性能缺项，无法保证母材符合设计要求。焊材质量证明文件缺少设计文件要求的铁素体含量，无法保证焊缝焊接质量。依据该焊接工艺评定和焊材施工无法保证管道焊接接头力学性能符合设计文件要求，对管道的安全运行影响较大。

2. 焊接工艺评定报告和焊材质量证明文件是监督检查的重点内容，质量监督人员应重点关注焊接工艺评定报告中各项试验如拉伸试验、硬度试验、冲击试验等报告资料的真实完整，检查焊材质量证明文件中的化学成分、力学性能、扩散氢含量、铁素体含量等数据。

案例 24 焊接设备问题

【问题描述】

2021 年 6 月，河北省唐山市某液化天然气项目。质量监督工程师检查时，发现施工单位液化天然气储罐现场使用的一台焊机电流表读数不准确，现场配备的钳形电流表无法使用。

【监督依据】

该问题不符合《液化天然气全容式钢制内罐组焊技术规范》（SH/T 3561—2017）第 4.2.2 条的规定：“配备满足现场组焊要求的施工机具、工装、计量器具等。”

【案例评析】

1. 施工单位施工机具管理不善，在焊机进场报验和现场使用管理方面存在管理漏洞。技术管理人员未认真核查现场使用焊机设备显示参数是否准确，未配备符合要求的钳形电流表，现场未安排人员检查焊机使用情况。

2. 监理单位专业监理工程师未履行相应的监管职责，未对施工单位现场使用的焊机设备进行检查。

【问题处置】

1. 工程质量监督机构对该问题施工单位下发《建设工程质量问题整改通知书》，责令限期整改。

2. 要求施工单位更换符合要求的焊机和钳形电流表，相关资料报监理单位审核，同时使用过程中应定期抽测电流表、电压表读数是否正常，对不符合要求的焊机及时进行更换。

3. 要求监理单位加大现场巡检力度，对施工单位使用的焊机和测量工器具进行检查，避免类似问题再次发生。

【经验教训】

1. 焊接参数直接影响焊接的质量，焊机的电流表、电压表读数不准确无法保证焊接参数的适用性，现场配备的钳形电流表不能使用，无法检测焊机的参数是否准确适用，对储罐焊接质量造成较大的隐患。

2. 现场使用的施工机具管理是质量监督的巡监内容，质量监督人员现场检查时可抽测焊机、热处理设备、测温设备等的检定、校准是否符合要求，设备机具本身的完好性。

案例 25　储罐焊接工艺指导书热输入超差问题

【问题描述】

2021 年 6 月，江苏省盐城市某液化天然气项目。质量监督工程师检查时，发现储罐内罐壁板所用焊接工艺指导书中打底焊焊接热输入和焊接参数选择不符合所依据的焊接工艺评定报告，焊接工艺指导书制定的热输入超出焊接工艺评定要求，改变焊接重要变素不符合设计及相关规范要求。

【监督依据】

该问题不符合本项目《储罐焊接规格书》第 7.7.3 条（4）“9％Ni 钢焊接工艺的重要变素：……焊接热输入量变化超过±25％”的规定。

下图为焊接工艺规程中的焊接参数。

(按所焊位置和厚度，分别列出电流和电压范围，记入下表中)
Amps and Volts range should be recorded for each position and thickness, this information may be listed in a table that shown below.

焊道/焊层 Weld Layer(s)	焊接方法 process	填充材料 Filler Metal		焊接电流 Current		电弧电压 Volt Range (V)	焊接速度 Travel Speed (cm/min)	线能量 Energy Input (kj/cm)
		型号 Type	直径 Dia (mm)	极性 Polarity	电流 mps(A)			
打底层	12(SAW)	ER NiCrMo-4	φ2.4	直流反接	300-370	26-31	28.33-46.15	10.06-24.5
填充层	12(SAW)	ER NiCrMo-4	φ2.4	直流反接	310-400	27-32	25.48-54.55	8.5-32.5
盖面层	12(SAW)	ER NiCrMo-4	φ2.4	直流反接	310-390	27-30	40.49-73.33	6.3-18.7

焊接电流为 300-400A，电压为 26-32V

钨极类型和直径 Tungsten Electrode Type & Size N/A　　喷嘴直径(mm) Gas Cup Size N/A

熔滴过渡形式 Mode of Metal Transfer 短路过渡　　焊丝送进速度(cm/min) Electrode Wire feeding Speed range N/A

【案例评析】

1. 施工单位焊接工程师编制焊接工艺规程时未完全依据焊接工艺评定报告的内容，未重视焊接工艺评定的指导作用，对焊接热输入等重要变素理解不够深入。

2. 监理单位工程师在审核焊接工艺规程等文件时未认真把关，致使焊接工艺规程中焊接参数超出焊接工艺评定和设计文件的要求。

【问题处置】

1. 工程质量监督机构对该问题施工单位下发《建设工程质量问题整改通知书》，责令限期整改。

2. 要求施工单位依据合格的焊接工艺评定报告修改焊接工艺规程后重新报审，监理单位工程师认真审核。

【经验教训】

1. X7Ni9 钢板（欧标牌号，含 9%Ni 的钢板）焊接对焊接热输入的范围有明确要求，焊接参数是焊接工艺评定的重要部分，焊接热输入变化范围也是焊接工艺评定的重要变素，对焊缝的性能影响较大，改变重要变素需重新做焊接工艺评定。未依据合格的焊接工艺评定报告编制的焊接工艺规程无法有效指导现场焊接施工，无法保证焊接质量符合设计和规范要求，给储罐焊接质量留下较大隐患。

2. 液化天然气储罐内罐 X7Ni9 钢板的焊接是质量监督检查的重点内容，质量监督人员应重点关注焊接工艺规程中焊接参数制定的合理性和适用性。

案例 26　施工组织设计审批问题

【问题描述】

2018 年 5 月，福建省泉州市某天然气管网项目。质量监督工程师在对该项目施工组织设计文件进行检查的过程中，发现某标段的施工组织设计审批人为该项目的项目经理，与规范要求的施工单位技术负责人不符。

【监督依据】

该问题不符合《油气输送管道工程施工组织设计编制规范》（SY/T 4115—2016）第 3.2.1 条“施工组织设计和施工方案应由施工单位项目技术负责人组织编制，施工单位技术负责人审批”的要求。

【案例评析】

1. 规范对施工组织设计文件的审批责任人有明确要求，项目有关人员不能代替该责任人员履行其应尽职责。

2. 该问题反映出施工单位对文件报批管理理解不足，对有关技术管理文件的规范执行不到位。监理单位未按规范要求对文件审批流程进行监管，未尽职尽责。

【问题处置】

1. 工程质量监督机构对该问题的施工单位下达了《建设工程质量问题整改通知书》，责令限期整改。

2. 施工单位及时对该问题进行整改，后续应加强对文件编审工作的管理。

3. 监理单位对该问题的整改情况进行检查、复核，确保及时关闭。

【经验教训】

1. 施工组织设计文件是指导施工项目全过程各项活动的技术、经济和组织的综合性文件，代表了一个单位的技术能力，因此标准规范中对施工组织设计的审批流程均有明确要求。目前项目上存在项目经理审核批准的情况较多，应尽量避免此类现象。

2. 质量监督人员在静态行为检查时应重点关注施工单位施工组织设计和施工方案的编制审批情况。

案例 27　项目经理超越聘用范围从事执业活动

【问题描述】

2019 年 11 月，海南省某天然气管网项目。质量监督工程师在对该项目管理文件检查的过程中，发现质量管理计划报审表中的项目经理王某已于 2019 年 10 月 15 日解聘了与该施工单位的聘用关系，却仍在进行项目文件的签署。

【监督依据】

该行为不符合《注册建造师管理规定》第二十六条“注册建造师不得有下列行为：……（八）超出执业范围和聘用单位业务范围内从事执业活动”的规定。

【案例评析】

1. 项目经理应该在聘用单位有效期内从事相关执业活动，聘用关系变动之前应及时告知项目有关责任主体，并且不得再以项目经理身份进行项目文件的签署工作。

2. 该问题反映出施工单位对主要人员变更程序流于形式，未严格执行项目管理要求，也未执行工作交接制度。监理单位未按项目管理要求对关键人员变动予以把关。

【问题处置】

1. 工程质量监督机构对该问题的施工单位下达了《建设工程质量问题整改通知书》，责令限期整改。

2. 施工单位履新人员重新签署了有关项目文件，并对主要人员变更程序及工作交接制度进行了专项宣贯与交底。

3. 监理单位对该问题的整改情况进行检查、复核，杜绝日后此类问题的发生。

【经验教训】

施工单位应重视项目主要人员的变更程序，提前做好变更准备与工作交接。同时，项目主要管理人员如项目经理、技术负责人、质量负责人变更需按项目管理要求进行相应的程序变更，并向质量监督站报备，质量监督人员现场检查时应关注项目主要管理人员的变动情况。

案例 28　擅自更改路由进行施工

【问题描述】

2019 年 10 月，福建省泉州市某长输管道项目。质量监督工程师在对该项目工程资料进行检查的过程中，发现施工单位擅自更改路由进行施工，未经设计同意，也未见工程联络单。

【监督依据】

该问题不符合设计文件及《油气长输管道工程施工及验收规范》(GB 50369—2014) 第 5.3.1 条“测量放线应根据设计控制（转角）桩或其副桩进行。需要更改线路位置时，应经设计代表的书面同意后，方可更改”的规定。

【案例评析】

1. 施工单位为求施工进度，擅自更改了线路路由设计，未按项目程序进行工程变更联络相关事宜，须及时整改并关闭项目。

2. 监理单位未及时发现此问题，也未意识到该问题的严重性并予以制止，存在监管不严、把关不力的情形。

【问题处置】

1. 工程质量监督机构对该问题施工单位下达了《建设工程质量问题整改通知书》，责令限期整改。

2. 施工单位发出工程联络单，请设计单位确认路由调整事宜，并在竣工图上确认。加强放线人员技术交底工作，如遇需调整设计路由的位置，应及时完成设计变更。

3. 监理单位对该问题整改情况进行检查、复核，确保此问题及时解决。

【经验教训】

1. 长输管道项目线路较长，沿线环境复杂，需更改线路路由时必须按项目管理要求进行工程变更，未经设计单位同意，不应擅自更改路由以求施工进度。

2. 质量监督人员现场检查时可重点关注设计单位与施工单位是否进行交桩、施工单位测量放线情况及线路路由变更管理情况。

第二章
建筑工程案例

案例 1　现浇结构外观质量问题

【问题描述】

1. 2020 年 10 月，天津市滨海新区南港工业区某项目。质量监督工程师在对基础梁现浇结构位置尺寸检查中，发现基础梁尺寸偏差超过 2 cm。

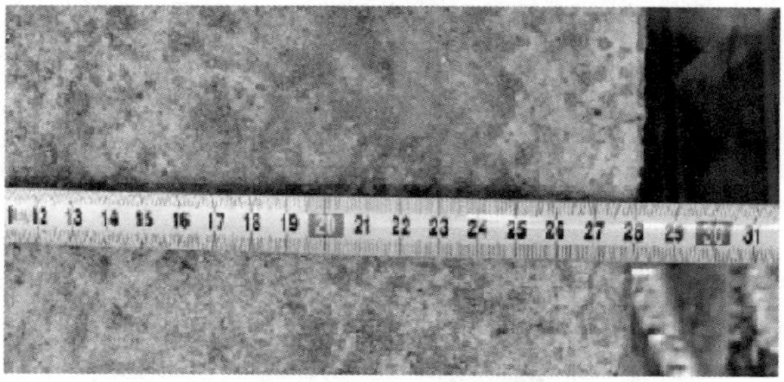

2. 2021 年 3 月，天津市滨海新区南港工业区某项目。质量监督工程师在对实验楼现浇结构的外观质量检查中，发现实验楼三层一处梁底部存在孔洞、露筋现象。

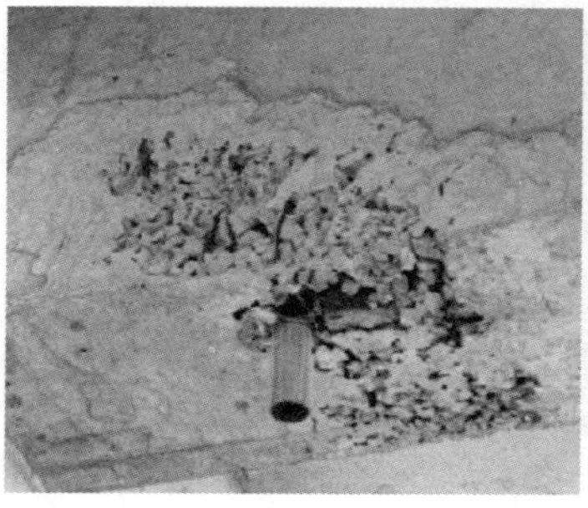

3. 2021 年 3 月，天津市滨海新区南港工业区某项目。质量监督工程师在对变电所现浇结构的外观质量检查中，发现变电所一处楼梯边柱与梁交接处存在柱根部蜂窝麻面。

4. 2021 年 9 月，天津市滨海新区南疆港区某项目。质量监督工程师在对变电所现浇结构的外观质量检查中，发现变电所二层边部框架柱主体开槽。

5. 2021 年 3 月，浙江省宁波市大榭某项目。质量监督工程师在对设备基础短柱现浇结构的外观质量检查中，发现一处基础短柱缺棱达 10 cm，另一处基础短柱存在夹渣方木块。

6. 2021 年 6 月，江苏省盐城市某项目。质量监督工程师在对综合服务楼现浇结构的位置尺寸检查中，发现综合服务楼楼层梯柱存在错台 1 cm。

【监督依据】

上述问题不符合《混凝土结构工程施工质量验收规范》(GB 50204—2015)第 8.1.2 条:“现浇结构的外观质量缺陷应由监理单位、施工单位等各方根据其对结构性能和使用功能影响的严重程度按表 8.1.2 确定。”第 8.2.1 条:“现浇结构的外观质量不应有严重缺陷。”第 8.2.2 条:“现浇结构的外观质量不应有一般缺陷。”第 8.3.2 条:“现浇结构的位置和尺寸偏差及检验方法应符合表 8.3.2 的规定。”

【案例评析】

1. 规范对于混凝土结构外观质量及结构尺寸偏差有明确要求,并对外观质量缺陷有详细规定,本案例中几处现浇结构问题为常见类问题,其中,天津市滨海新区南港某生产中心建设项目的基础梁尺寸偏差类问题主要是因为模板现场制作中,现场作业人员未仔细阅读图纸,操作将同一轴线的梁截面尺寸按同一宽度进行制作,造成一处不同截面尺寸梁截面尺寸偏差超过 2 cm。江苏盐城某液化天然气项目综合楼楼层梯柱存在错台 1 cm 是因为模板支撑强度不足,浇筑混凝土过程中模板移位,造成模板外移 1 cm,形成错台。现浇结构外观质量问题主要是施工过程中模板拼缝不严,部分模板拼接处未对拼缝进行塞填密封材料造成,柱底部模板在浇筑混凝土前未铺一层 3 cm 左右的同配比的水泥砂浆,浇筑前未检查模板内部杂物清理状况造成结构夹渣,结构养护期间未做好成品保护。

2. 以上问题反映出施工单位在施工过程中自检、交接工作不到位,未严格执行设计文件及规范要求。监理单位未严格按规范和设计文件对工序施工质量把关,且在混凝土结构工程的模板安装验收检查不到位。

【问题处置】

1. 工程质量监督机构对该问题施工单位下达《建设工程质量问题整改通知书》,责令限期整改。

2. 现浇结构质量问题施工单位编制了技术处理方案,并经监理单位认可后进行了处理。经过处理的部位进行了重新验收。蜂窝、麻面、漏筋处施工单位对表层进行凿除,清理松散层,在表层进行润湿后支模填筑高一级别细石混凝土,并做好养护工作。错台处凿除多余部分,并对错台内部钢筋保护层厚度进行检测,确保保护层符合要求后,清理松散层,在表层进行润湿后支模填筑高一级别细石混凝土,并做好养护工作。

3. 监理单位对现浇结构问题整改情况进行检查、复核,按照规范要求组织验收。

【经验教训】

1. 海油工程项目多以安装工程为主,对建筑工程重视程度不够且经验不足,施工质量要求标准低。特别是在混凝土现浇结构施工中，经常发生模板加工制作及相应质量保证措施管控不到位、成品保护不及时等问题。构筑物基础支撑着上部结构体，确保构筑物施工质量对保证整个工程质量起到关键作用，但这一问题容易被忽视。

2. 混凝土工程施工必须做好自检及交接验收，并且在工程隐蔽前做好隐蔽工程检查，相关技术质量人员在现场检查时，要检查隐蔽项是否都满足要求、是否存在漏项，另外监理单位要严把质量关，在隐蔽验收中复核隐蔽项是否符合图纸及规范要求。

案例 2　基础钢筋锚固问题

【问题描述】

2015 年 8 月，广东省惠州市大亚湾石化区某项目。质量监督工程师在对该项目基础短柱检查中，发现现场施工的设备基础短柱插筋锚固方向不符合规定。

【监督依据】

该项目不符合相关设计文件规定。

【案例评析】

1. 设计文件对钢筋锚固方向有明确要求，本案例施工中施工单位技术人员对现场交底不明，作业班组在施工中受工作面狭窄影响为便于施工将本该背向圆心的锚固方向改为朝圆心方向，而自检过程中，技术人员未能及时检查，专业监理工程师也未能第一时间核查，导致现场出现此类问题。

2. 该问题反映出施工单位在现场交底及过程检查的执行过程中存在未按制度执行的情况，监理单位对现场巡监及隐蔽前验收监管不到位。

【问题处置】

1. 工程质量监督机构对该问题施工单位下达《建设工程质量问题整改通知书》，责令限期整改。

2. 施工单位将方向错误的钢筋拆除，按设计文件要求将钢筋锚固方向改为背离圆心。

3. 监理单位对现场短柱插筋锚固方向问题整改情况进行检查、复核，按照规范要求组织隐蔽验收。

【经验教训】

1. 石油石化项目设备基础数量众多，为保证设备能平稳有效运行，需提高设备基础的施工质量，而施工中，施工单位未认真研究图纸，未履行施工技术交底，钢筋摆放位置错误造成钢筋受力改变，不符合设计意图。

2. 基础短柱钢筋工程施工质量必须高度重视，相关技术质量人员及专业监理工程师在现场检查时，要观察钢筋的锚固长度、锚固方向是否符合要求。

案例 3　钢筋安装保护问题

【问题描述】

2021 年 3 月，浙江省宁波市大榭岛某项目。质量监督工程师在对该项目压缩机厂房钢筋工程施工质量检查中，发现现场施工的设备基础箍筋被截断。

【监督依据】

该问题违反了《建设工程质量管理条例》第二十八条“施工单位必须按照工程设计图纸和施工技术标准施工，不得擅自修改工程设计，不得偷工减料”的规定。

【案例评析】

1.《建设工程质量管理条例》对工程必须按设计要求施工有明确要求，本项目施工时处于初春季节，项目问题出现在节后返回后施工阶段，因此，施工现场的管理出现懈怠现象，现场操作人员为方便地脚螺栓安装将短柱内箍筋擅自截断，野蛮施工。

2. 该问题反映出施工单位对现场的过程管理和检查不到位，未能严格执行质量管理体系文件。监理单位对现场的监管不到位，专业监理工程师现场巡视工作不及时，对隐蔽工程的了解不及时。建设单位、监理单位以及施工单位在节后返场后工作准备不充分，以致钢筋安装工程出现了诸多质量问题。

【问题处置】

1. 工程质量监督机构对该问题施工单位下达《建设工程质量问题整改通知书》，责令限期整改。

2. 施工单位将被截断箍筋的短柱拆掉模板后重新安装箍筋和地脚螺栓。

3. 监理单位对现场钢筋工程问题整改情况进行检查、复核，按照规范要求组织隐蔽验收。

【经验教训】

1. 海油工程项目多数构筑物的基础为设备基础，且设备基础一般设置地脚螺栓，根据设计要求可采用预埋地脚螺栓或预留地脚螺栓孔方式来进行施工，当采用预埋地脚螺栓时，会存在地脚螺栓与箍筋碰撞的现象。一些施工单位为方便施工可能会截断部分碰撞处钢筋，而设计文件对箍筋的数量有严格要求，未按设计施工，箍筋截断会破坏基础短柱的强度，造成质量缺陷。

2. 基础混凝土工程施工必须要重视地脚螺栓与箍筋重叠部位的工程施工质量，相关技术质量人员在现场检查时，要观察箍筋数量及完好性，监理单位隐蔽工程验收必须严格检查地脚螺栓与箍筋重叠部位。

案例 4 砌体工程未挂加强网问题

【问题描述】

2021 年 3 月，浙江省宁波市大榭石化区某项目。质量监督工程师在对该项目抹灰工程施工检查中，发现砌体与混凝土柱交接处未挂网。

【监督依据】

该问题不符合《建筑装饰装修工程质量验收标准》（GB 50210—2018）第4.1.4条“抹灰工程应对下列隐蔽工程项目进行验收：……2 不同材料基体交接处的加强措施”的规定。

【案例评析】

1. 规范对于抹灰工程不同材料基体交接处的加强措施有明确要求，要求通过挂网来进行加强，本案例中，施工单位未采取相应措施，后期该处容易出现开裂。

2. 该问题反映出施工单位对抹灰工程施工质量管理不到位，监理单位对隐蔽工程验收存在履职不到位的问题，未能严格把关隐蔽验收节点质量。

【问题处置】

1. 工程质量监督机构对该问题施工单位下达《建设工程质量问题整改通知书》，责令限期整改。

2. 施工单位剔除未加强部位的抹灰工程，对交接处进行挂网后再进行抹灰工程施工。

3. 监理单位对现场抹灰工程问题整改情况进行检查、复核，按照规范要求组织验收。

【经验教训】

1. 抹灰工程施工质量影响到后期建筑使用功能，为防止抹灰工程开裂，规范对不同材料基层处要求进行加强处理，而施工中，许多施工单位为节约工期，在施工中未对框架柱和砌体交接处进行加强处理，造成质量缺陷。

2. 抹灰工程施工必须要重视不同基层材料交接处的施工质量，相关技术质量人员在现场检查时，要观察不同基层交接处是否进行加强处理，此外专业监理人员在隐蔽工程检查中应严把过程及验收环节。

案例5　外墙散水设缝问题

【问题描述】

2021年11月，天津市滨海新区南港工业区某项目。质量监督工程师在对该项目抹灰工程施工检查中，发现外墙散水未设缝。

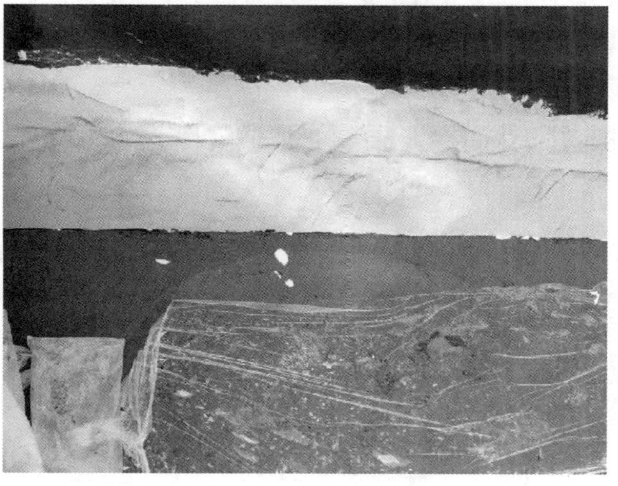

【监督依据】

该问题不符合《建筑地面工程施工质量验收规范》（GB 50209—2010）第3.0.15条“水泥混凝土散水、明沟和台阶等与建筑物连接处及房屋转角处应设缝处理”的规定。

【案例评析】

1. 规范对于散水工程的分隔缝措施有明确要求，要求散水与建筑物连接处通过设置缝来防治不规则开裂，本案例中，施工单位未采取相应措施，后期该处容易出现散水不规则开裂。

2. 该问题反映出施工单位对散水等细部工程质量的管理不到位。监理单位巡监工作履职不到位，未能严把细部工程节点质量。

【问题处置】

1. 工程质量监督机构对该问题施工单位下达《建设工程质量问题整改通知书》，责令限期整改。

2. 施工单位对未做分缝的散水进行切缝处理。

3. 监理单位对现场散水工程问题整改情况进行检查、复核，按照规范要求组织验收。

【经验教训】

1. 散水工程施工质量影响到后期建筑使用功能，为防止散水工程不规则开裂造成周围地基渗水塌陷，规范对散水与墙体处要求进行加强，而许多施工单位为节约工期，在施工中未对墙体和散水交接处进行分缝处理，造成质量缺陷。

2. 散水工程施工必须要重视墙体与散水交接处的分缝施工质量，相关技术质量人员在现场检查时，要观察散水与建筑主体交接处是否进行分缝处理，此外专业监理人员在散水工程检查中应严把过程及验收环节质量。

案例 6　混凝土防腐施工质量问题

【问题描述】

2019 年 7 月，天津市滨海新区临港工业区某项目。质量监督工程师在对该项目脱碳装置基础防腐工程检查中，发现现场施工的设备基础混凝土在基层强度未达到设计规定、含水率不满足规范要求的情况下，进行防腐施工，导致防腐层多处起鼓、脱落等质量问题。

【监督依据】

该问题不符合《建筑防腐蚀工程施工质量验收标准》（GB 50224—2018）第4.2.1条“基层强度应符合设计规定”及第4.2.3条“基层的含水率，在深度为20 mm的厚度层内，不应大于6%”的规定。

【案例评析】

1. 规范对于混凝土防腐施工基层的强度和含水率均有明确要求。本项目施工时正处于雨季，混凝土防腐施工难免会受到雨水的影响。对此，施工单位应制定有针对性的雨季施工措施，确保混凝土防腐施工质量符合规范要求。本案例中，施工单位显然未采取相应措施，以致防腐层出现了诸多质量问题。

2. 该问题反映出施工单位对有关建筑防腐蚀工程的规范理解不到位，未严格执行规范要求，存在未执行工序交接制度的情况。监理单位未按规范要求对防腐蚀工程质量进行监管，对工序交接的质量未予把关。

【问题处置】

1. 工程质量监督机构对该问题施工单位下达《建设工程质量问题整改通知书》，责令限期整改。

2. 施工单位加强基础混凝土养护，对防腐层起鼓、脱落的部位进行彻底清理，待混凝土强度满足设计要求并达到含水率要求后，重新涂刷防腐层。

3. 监理单位对现场防腐工程问题整改情况进行检查、复核，按照规范要求组织验收。

【经验教训】

1. 海油工程项目大多数在沿海地区，为防止混凝土受侵蚀，设计对混凝土有防腐层的要求。为保证涂刷防腐层的质量，规范对混凝土的基层强度和含水率提出了要求。而施工中，许多施工单位为节约工期，在混凝土拆模后即开始涂刷防腐涂料，此时混凝土强度和含水率均达不到要求，造成质量缺陷。

2. 基础混凝土工程施工必须重视防腐层的施工质量，监督人员在现场检查时，要观察防腐层的表观质量是否合格，另外还要检查混凝土和含水率的相关检测记录是否符合规范要求。发现问题要及时向责任单位提出整改要求。

案例7　钢筋锚固长度问题

【问题描述】

2021年9月，广东省惠州市大亚湾区某项目。工程质量监督人员对水池钢筋检查时，发现墙体转角内侧水平分布钢筋锚固长度不足，部分钢筋仅伸入至转角点位置处。

【监督依据】

该问题不符合 22G101-1《混凝土结构施工图平面整体表示方法制图规则和构造详图（现浇混凝土框架、剪力墙、梁、板）》第 2-19 页剪力墙水平分布钢筋构造的规定。

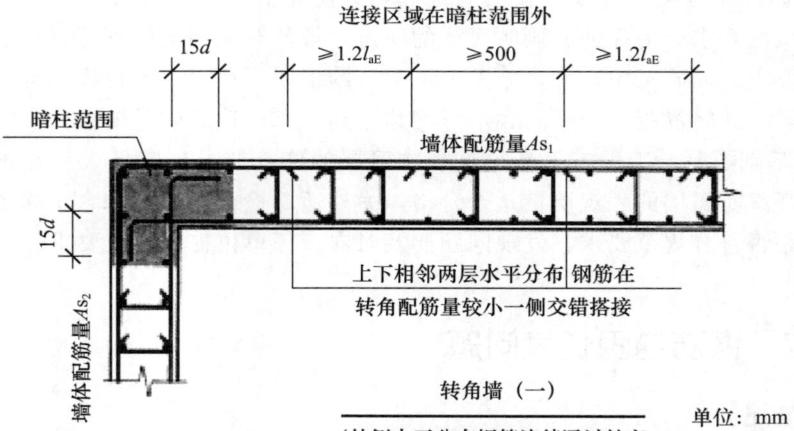

转角墙（一）

（外侧水平分布钢筋连续通过转弯
其中$As_1 \leqslant As_2$）

单位：mm

【案例评析】

1. 设计文件和图集对于剪力墙钢筋锚固长度有明确要求。本项目施工时正处于墙体钢筋安装阶段，已完成安装的墙体内侧水平分布钢筋未按图集要求伸入暗柱内，并保证弯折长度达到 $15d$。

2. 该问题反映出施工单位对设计文件和图集规定不重视，钢筋下料未考虑锚固长度，钢筋安装前技术交底未交代细部构造要求，安装过程中未执行质量检查制度。监理单位专业监理人员未认真履职，未发现钢筋安装的质量问题。

【问题处置】

1. 工程质量监督机构对该问题施工单位下达《建设工程质量问题整改通知书》，责令限期整改。

2. 施工单位针对该问题办理工程联络单，对墙体内侧水平钢筋锚固长度不足的部位增补钢筋，采用绑扎连接方式上下层交错搭接。

3. 监理单位对问题整改情况进行检查、复核，严格执行钢筋隐蔽验收。

【经验教训】

1. 钢筋锚固长度是混凝土结构工程的质量控制要点，钢筋锚固长度不足将降低混凝土结构强度，达不到抗震等级要求。通常设计结构说明文件会对钢筋锚固长度提出明确要求，而 22G101-1《混凝土结构施工图平面整体表示方法制图规则和构造详图（现浇混凝土框架、剪力墙、梁、板）》图集是设计依据。施工单位在钢筋下料、安装时应满足设计文件和图集要求，并在施工中做好技术交底和过程中的质量检查工作。施工单位应重视钢筋安装事前和过程中的质量管控，避免事后钢筋隐蔽验收时发现问题，造成大量拆改、返工情况发生。

2. 监督人员在现场检查混凝土结构工程时，要重点检查钢筋锚固长度、连接方式、搭接长度等内容，及时发现问题及时向责任单位提出整改要求。

案例 8　基础梁施工缝留设位置问题

【问题描述】

2021 年 9 月，广东省惠州市石化大亚湾区某项目。工程质量监督人员对基础质量检查时，发现基础梁由于现场作业面受限而无法施工，为此在梁与承台交接处留设施工缝，此处位置为梁所受剪力最大处。

【监督依据】

该问题不符合《混凝土结构工程施工规范》（GB 50666—2011）第 8.6.1 条“施工缝和后浇带宜留设在结构受剪力较小且便于施工的位置”的规定。

【案例评析】

1. 根据基础梁受力图，可以得知梁两端的剪力最大。该基础梁施工缝留设在梁端，施工缝正处于剪力最大位置，不利于结构安全。

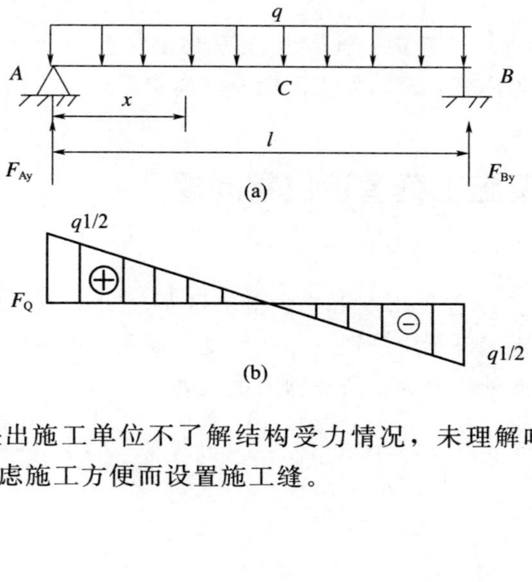

2. 该问题反映出施工单位不了解结构受力情况，未理解吃透规范对施工缝的留设要求，仅考虑施工方便而设置施工缝。

【问题处置】

1. 工程质量监督机构对该问题施工单位下达《建设工程质量问题整改通知书》，责令限期整改。

2. 施工单位对已施工的承台与基础梁交接面剔凿、凿毛，做好基础梁与承台混凝土浇筑前准备工作。重新进行技术交底，将后续其他类似施工缝设置在梁跨中三分之一位置处。

【经验教训】

1. 钢筋混凝土施工缝留设位置是规范的重要内容，混凝土工程施工前应确定好施工缝留设位置，满足规范要求。如果留设位置不当，将会造成结构安全隐患。

2. 施工缝应在施工方案中明确，避开最不利的受力位置。施工前做好技术交底。

3. 监督人员在现场检查混凝土工程时，应根据梁、板、柱等结构特点重点检查施工缝的留设位置，发现问题及时向责任单位提出整改要求。

案例 9　混凝土施工缝留设问题

【问题描述】

2018 年 10 月，浙江省宁波市区某项目。工程质量监督人员对液化天然气储罐穹顶混凝土浇筑质量检查时，发现某液化天然气储罐穹顶混凝土浇筑采用自然流淌斜坡方式留置施工缝，施工缝留设不规整，混凝土振捣不密实。

【监督依据】

该问题不符合《混凝土结构工程施工规范》(GB 50666—2011) 第 8.6.6 条“施工缝、后浇带留设界面，应垂直于结构构件和纵向受力钢筋”的规定。

【案例评析】

1. 由于穹顶混凝土浇筑量较大，施工单位采取分圈分批浇筑穹顶混凝土，但施工缝未设置临时支撑的模板，如快易收口网等，施工中采取了让混凝土摊铺振捣流淌的方式自然形成施工缝，施工缝呈斜坡面，由于混凝土坍落度较大，坡面角度小而造成坡脚混凝土无法用振捣棒密实，因此混凝土未满足振捣密实的要求，且自然流淌形成的斜坡面不规整，不利于后续混凝土浇筑。

2. 该问题反映出施工单位不重视施工缝的质量细节要求，图省事省力。同样，监理单位也未对施工缝留设予以重视。

【问题处置】

1. 工程质量监督机构对该问题施工单位下达《建设工程质量问题整改通知书》，责令限期整改。

2. 施工单位重新制定施工方案，设置临时支撑模板。后续施工，现场按施工方案实施。对于该段已施工的施工缝，人工剔凿掉振捣不密实的混凝土，并清理干净。监理单位对整改情况进行监督，加强后续混凝土施工缝的检查。

【经验教训】

1. 要提高钢筋混凝土施工质量，施工缝的留设方法是质量管控的要点，如果缝留设方法不当，将会造成混凝土强度达不到设计要求，遗留结构隐患。

2. 施工缝应在施工方案中明确位置和方式，缝应留设规整并有利于振捣密实。

3. 监督人员在现场检查混凝土工程时，应检查施工缝的留设位置和方式，发现施工缝留设不规整且混凝土不密实的问题时，应向责任单位提出整改要求。

案例 10　储罐基础环墙后浇带留设问题

【问题描述】

2017 年 3 月，天津市滨海新区某项目。质量监督人员对 2 万立方米储罐基础环墙混凝土外观质量检查时，发现个别储罐基础环墙出现多道竖向裂缝，裂缝从墙顶延伸至墙底部。

【监督依据】

该问题不符合《石油化工钢制储罐地基与基础施工及验收规范》（SH/T 3528—2014）第 6.3.4.5 条“当环墙周长大于 40 m，宜设置后浇带”的规定。

【案例评析】

1. 现场 2 万立方米的原油储罐基础环墙周长已超过 40 m，但现场施工单位未设置后浇带，设计图纸也未明确后浇带做法。环墙混凝土一次浇筑完成后，由于混凝土收缩等原因，造成墙体出现裂缝。

2. 该问题反映出施工单位不清楚石化工程规范的要求，监理单位未严格把关质量，未发挥应有的质量监督作用。

【问题处置】

1. 工程质量监督机构对该问题施工单位下达《建设工程质量问题整改通知书》，责令限期整改。

2. 施工单位对裂缝进行抽查，现场钻洞检查裂缝深度，并定期观测裂缝变形情况。后经一段时间观测，发现裂缝并未持续增加，缝宽在设计和规范允许范围内，制定裂缝修补方案，经监理、设计单位审核批准后进行裂缝修补。监理单位对裂缝修补整改情况进行监督，确保按方案执行到位。

【经验教训】

1. 大型储罐基础环墙设后浇带可以减少裂缝，从而保证混凝土工程质量。一些石化工程经验不足的设计单位和施工单位有可能忽视后浇带，或也存在着施工单位为追求工期和施工进度，有意避开后浇带的情况。但无论什么情况，大型储罐基础应设置后浇带，特别情况下不设后浇带，应改善混凝土配合比，降低混凝土硬化收缩的影响。

2. 储罐基础环墙出现裂缝，应予以重视，做好裂缝观测，判断产生原因，有针对性地制定修补方案进行施工。

3. 监督人员在现场发现储罐环墙裂缝问题时，应责成建设单位查明原因，落实整改方案。

4. 基础是储罐工程的质量把控要点，应重视储罐基础工程质量。

案例 11 二次灌浆裂缝问题

【问题描述】

2020 年 4 月，河北省唐山市曹妃甸工业区某项目。工程质量监督人员对液化天然气储罐桩帽隔震垫二次灌浆混凝土质量检查时，发现多个隔震垫二次灌浆层出现多道竖向裂纹，裂纹从上至下横灌浆层。

【监督依据】

该问题不符合《混凝土结构工程施工质量验收规范》(GB 50204—2015) 第8.2.1条"现浇结构的外观质量缺陷应由监理单位、施工单位等各方根据其对结构性能和使用功能影响的严重程度按表8.1.2确定"、第8.2.1条"现浇结构的外观质量不应有严重缺陷"和第8.2.2条"现浇结构的外观质量不应有一般缺陷"的规定。

【案例评析】

1. 现场桩帽隔震垫二次灌浆厚度大于100 mm，无粗骨料，且灌浆料强度高、硬化时间短，水化热大。另外隔震垫有埋板和多个预埋螺栓，减弱了灌浆层的整体强度，灌浆过程中混凝土中气体不易排出，施工中操作工艺不当等原因，造成灌浆层出现多道裂纹。

2. 该问题反映出施工单位对二次灌浆的质量控制要求不了解，事先未做好样板施工。监理单位虽然清楚裂缝的危害，但未能提出有效的质量管控措施。

【问题处置】

1. 工程质量监督机构对该问题施工单位下达《建设工程质量问题整改通知书》，责令限期整改。

2. 施工单位对裂缝进行抽查，现场剔凿检查裂缝深度，并定期观测裂缝变形情况。组织业内专家和设计单位对裂纹质量进行研判，做好每条裂纹的检测，确定裂纹修补方案，裂缝宽度大于0.2 mm的，灌浆层凿除重新浇筑，其余裂纹采用环氧树脂修复。

【经验教训】

1. 规范明确规定对于二次灌浆层出现裂纹是允许的，一般不影响强度。但裂纹较大必须进行处理，否则在日后使用中将受环境因素影响可能造成质量隐患。

2. 二次灌浆厚度应适当控制，如厚度较大应加粗骨料以降低水化热。

3. 监督人员在现场发现二次灌浆裂纹问题时，应查明原因，责成相关责任主体制定整改方案。

案例12 钢筋焊接预弯问题

【问题描述】

2020年5月，天津市滨海新区某项目。工程质量监督人员对灌注桩钢筋笼检查时，发现钢筋笼搭接焊接头未事先预弯，上下连接的两根钢筋未保持同轴。

【监督依据】

该问题不符合《钢筋焊接及验收规程》（JGJ 18—2012）第 4.5.7 条第 2 款“搭接焊时，焊接端钢筋宜预弯，并使两根钢筋的轴线在同一直线上”的规定。

【案例评析】

1. 规范对钢筋搭接焊要求保持两根钢筋同一直线，能更好地保证钢筋受力均匀。

2. 该问题反映出施工单位未做好技术交底，质量人员未做好检查验收。监理单位忽视接头质量细节，质量管控不严。

【问题处置】

1. 工程质量监督机构对该问题施工单位下达《建设工程质量问题整改通知书》，责令限期整改。

2. 施工单位对未预弯的焊接接头全数整改，并由技术人员向作业人员认真交底。监理单位对整改情况进行监督检查。

【经验教训】

1. 许多施工单位不了解钢筋搭接焊的接头要求，而且一些焊工未取得钢筋焊工资格证书，不清楚钢筋焊接的质量要求，另外一些工地实行按件计费，焊工为图省事省力，有意省去了钢筋接头预弯的工序。这要求施工单位和监理单位管理人员必须严格执行质量检查验收制度，规范焊工质量行为，加强日常检查。

2. 监督人员在现场发现钢筋焊接未预弯问题时，应及时提出整改要求并予以制止。

案例 13　违规使用粘土砖问题

【问题描述】

2021 年 11 月，天津市滨海新区某项目。工程质量监督人员对现场建筑工程检查时，发现施工单位违规使用烧结粘土砖进行砌体施工。

【监督依据】

该问题不符合国家标准《关于印发天津市禁止使用粘土砖、袋装水泥和禁止施工现场搅拌混凝土、砂浆管理办法的通知》（津建科〔2013〕447 号）的规定。

【案例评析】

1. 国家已明令禁止使用粘土砖，天津市于 2013 年专门出台文件禁止使用粘土砖。现场施工单位未执行国家和天津市的规定。

2. 该问题反映出施工单位认为施工区域在城市边缘地带，国家监管部门不会到现场检查，因此对相关规定不重视。监理单位未对进场材料审核把关，忽视国家明令禁止材料的规定。

【问题处置】

1. 工程质量监督机构对该问题施工单位下达《建设工程质量问题整改通知书》，责令限期整改。

2. 施工单位对已采用粘土砖砌筑的墙体予以拆除，更改为混凝土实心砖。监理单位对整改进行监督检查。

【经验教训】

1. 粘土砖生产过程破坏耕地，对生态环境影响巨大，且不符合国家产业政策，施工现场必须响应国家政策的号召，禁用粘土砖。

2. 监督人员在现场检查时，应检查砌体材料及材质，发现有使用粘土砖的情况，应立即责令停止施工并下发整改。

案例 14　窗户安装使用射钉枪问题

【问题描述】

2020 年 8 月，浙江省宁波市大榭区某项目。工程质量监督人员对现场房建装修工程检查时，发现施工单位安装窗户时，直接使用射钉枪将窗户固定在砖墙上。

【监督依据】

该问题不符合《建筑装饰装修工程质量验收标准》（GB 50210—2018）第 6.1.11 条“在砌体上安装门窗严禁采用射钉固定”的规定。

【案例评析】

1. 施工单位在门窗洞口施工时，未考虑门窗安装要求，未事先埋设混凝土块。安装时图省事，直接采用射钉进行安装。

2. 该质量问题违反了规范强制性条文，反映出施工单位不重视规范要求，缺乏日常质量检查机制。

【问题处置】

1. 工程质量监督机构对该问题施工单位下达《建设工程质量问题整改通知书》，责令限期整改。

2. 施工单位对已采用射钉安装的窗户予以拆除，更改为膨胀螺栓固定。膨胀螺栓安装严禁破坏砌体质量。

【经验教训】

1. 射钉对砌体破坏很大，能造成砌体破碎，由此造成门窗安装不牢固的情况。安装时应避免野蛮施工，保证砌体质量不受影响。

2. 监督人员在现场检查时，应检查门窗安装固定点和安装方式，确保安装稳固，不影响结构质量。

案例 15　水池未设置沉降观测点问题

【问题描述】

2020 年 8 月，广东省惠州市大亚湾区某项目。工程质量监督人员对现场土建工程检查时，发现某水池工程长度 47 m，未按规范要求布设沉降观测点。

【监督依据】

该问题不符合《石油化工混凝土水池工程施工及验收规范》（SH/T 3535—2012）第 3.6 条“水池永久沉降观测点，当设计文件无规定时，应按下述规定在池壁设置沉降观测点：……b）沉降观测点应对称布置，其间距不应大于 20 m 且不少于 4 点……”的规定。

【案例评析】

本工程设计文件未明确水池沉降观测点的要求，施工单位误以为无须设置沉降观测点，也未考虑规范要求，因此未设置沉降观测点。

【问题处置】

1. 工程质量监督机构对该问题施工单位下达《建设工程质量问题整改通知书》，责令限期整改。

2. 施工单位现场水池增设沉降观测点。监理单位对整改情况进行监督检查和确认。

【经验教训】

1. 石化工程水池有蓄水试验的要求，需要在蓄水试验时测定其沉降量。水池不仅要考虑下沉的情况，还需要考虑上浮的情况。水池沉降量将直接影响到日后使用功能，因此必须要做好沉降观测。

2. 监督人员在现场检查时，应重点检查水池沉降观测点埋设情况，发现未设置沉降观测点应及时提出整改要求。

案例 16　钢筋替换问题

【问题描述】

2016 年 8 月，广东省惠州市大亚湾区某项目。某炼油区 E3 地块全场主管廊基础施工，质量监督工程师对某 PMT11 项目质量检查时，发现中控室（二）框架柱 KZ2 插筋直径变更的工作联系单未提交设计核定确认。问题如下：

KZ2 插筋已按原施工图采用直径 20 mm 钢筋绑扎完毕，而新施工图的 KZ2 钢筋已调整为 25 mm 钢筋。施工单位采取了将 25 mm 钢筋与 20 mm 钢筋并筋处理的措施，但并筋处理并未征得设计单位的书面认可。

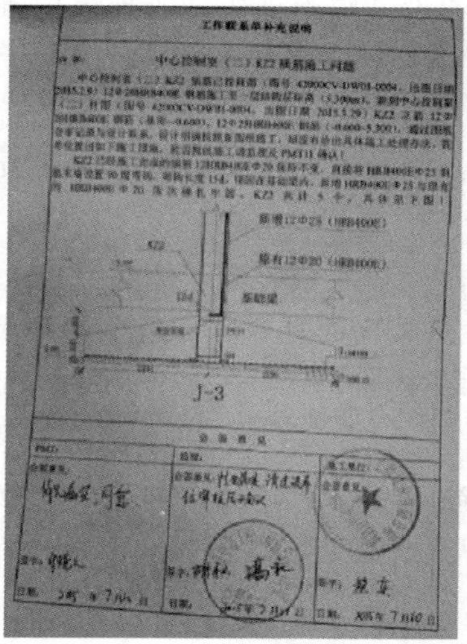
工作联系单补充说明

中心控制室（二）KZ2 钢筋施工问题

J-3

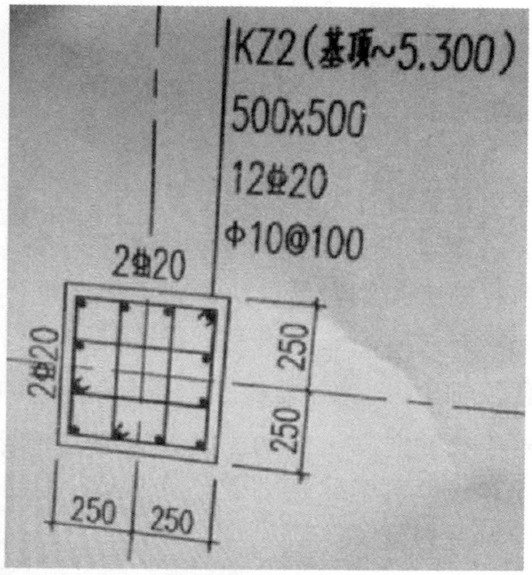

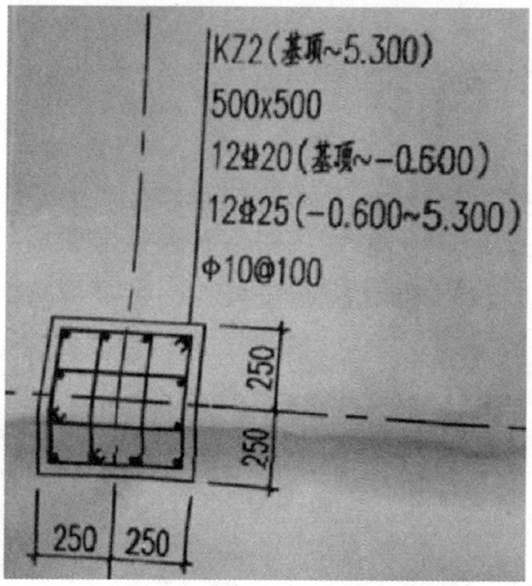

【监督依据】

该问题不符合《混凝土结构工程施工规范》（GB 50666—2011）第 5.1.3 条“当需要进行钢筋代换时，应办理设计变更文件”和《混凝土结构工程施工质量验收规范》（GB 50204—2015）第 5.5.1 条“钢筋安装时，受力钢筋的牌号、规格和数量必须符合设计要求”的规定。

【案例评析】

1. 并筋处理直接加大了柱钢筋配筋率，不符合“钢筋等截面或等强度代换”的钢筋代换要求，因涉及结构安全，应由设计单位核定确认。

2. 该问题反映出施工单位未按最终确定的设计图纸施工，监理单位未按标准规范要求严格执行隐蔽验收。

【问题处置】

1. 现场虽已按并筋方案施工完毕，但变更仍应提交设计单位复核确认，以确保变更符合设计及规范要求。

2. 事后，设计单位对该变更进行了确认，工程质量得到了保证。通过该事项，项目施工和监理单位认识到了严格履行变更程序的重要性，进一步提高了质量意识，并及时消除了该变更所造成的项目质量风险。

【经验教训】

对于钢筋混凝土结构来讲，不是所有钢筋混凝土构件的钢筋越大越多就越好，设计规范对于配筋率是有要求的，配筋率过大会造成结构脆性破坏，不利于结构的安全和稳定。

案例 17　未按设计施工问题

【问题描述】

2018 年 10 月，天津市滨海新区临港工业区某项目。施工单位在 3# 阀室计量撬工艺管道施工过程中，因管道碰头段与设备混凝土基础位置冲突，在未经设计许可的情况下，擅自对筏板基础的混凝土及钢筋进行拆除，影响到结构安全。

【监督依据】

该问题违反了《建设工程质量管理条例》第二十八条的规定："施工单位必须按照工程设计图纸和施工技术标准施工，不得擅自修改工程设计，不得偷工减料。施工单位在施工过程中发现设计文件和图纸有差错的，应当及时提出意见和建议。"

【案例评析】

1. 设备基础质量应符合设计和规范要求，当设备基础涉及结构变更时，应征得设计单位同意。本案例在未取得设计单位意见的情况下，施工单位擅自对设备基础钢筋及混凝土进行了拆除。设备基础经局部拆除后，基础尺寸及结构已不符合设计要求，不能满足结构安全的要求。由此造成了结构安全隐患。

2. 该问题暴露出施工单位项目质量管理体系执行不到位，未严格执行变更程序。监理、建设单位未起到应有的质量监管作用。

【问题处置】

1. 工程质量监督机构对该问题下达《建设工程质量问题整改通知书》，责令限期整改，并对项目经理、总监理工程师进行约谈，对施工单位项目质量负责人及监理单位专业监理工程师提出更换要求。

2. 由设计单位对该拆除后的基础进行复核，提出设计处理意见。

3. 施工单位按设计意见组织施工，监理单位督促整改并进行质量监管。施工单位及监理单位按照监督机构的要求对相关人员进行了撤换处理。

【经验教训】

1. 设备基础直接承受上部设备的荷载和作用，因此基础应满足结构安全、可靠的要求，基础质量必须要符合设计和规范要求。

2. 设备基础如有变更，必须要办理相应的变更手续，并征得设计单位的同意，如未取得变更许可而进行施工，则会遗留结构安全隐患。

案例 18 未按设计要求施工问题

【问题描述】

2020 年 10 月，浙江省宁波市大榭石化区某项目。质量监督工程师在对石化大型设备基础管桩工程检查中，发现管桩桩芯的钢筋笼长度不符合设计要求（设计钢筋笼长度为 3 m，且笼底需焊接托盘，但部分实测长度仅达到 1.1 m，且下部未焊接托盘）。

【监督依据】

该问题不符合设计要求和《混凝土结构工程施工质量验收规范》（GB 50204—2015）第 5.5.2 条的规定："受力钢筋的安装位置、锚固方式应符合设计要求。"

【案例评析】

1. 该问题反映了施工单位质量控制意识淡薄，存在偷工减料的行为，管桩内部泥土未清掏到位，直接将不符合长度的钢筋笼下入桩孔，且未制作混凝土封底托盘，降低质量标准，蒙混过关。

2. 监理单位巡视检查不到位，没有履行质量监管责任，造成工程质量问题的出现。

【问题处置】

1. 工程质量监督机构对该问题施工单位下达《建设工程质量问题整改通知书》，责令限期整改。

2. 施工单位进行返工整改，按照设计要求和工程质量验收标准进行施工，对桩孔彻底清掏，制作符合要求的钢筋笼重新施工，保证桩身灌芯的施工质量，整改完成后报监理单位重新组织验收。

【经验教训】

1. 此问题为施工过程中典型的因偷工减料而造成的施工质量问题，没有严格按照设计要求施工，降低工程质量标准，反映出施工单位在质量管理方面存在漏洞，工序三检（自检、互检、专检）制度不完善，施工工人和质量管理人员的质量意识淡薄，各项管理体系、管理制度和质量控制程序没有被认真贯彻执行，监理单位没有履行质量监管责任，对现场出现的质量问题没有及时发现或发现后没有及时进行阻止或采取有效的管理措施，存在失责情况。

2. 桩基础属于隐蔽工程，其质量问题的整改和处理难度较大，因此要求各单位高度重视，严格执行施工质量标准，提高质量控制意识，保证工程施工质量。

案例 19 基础梁柱钢筋未安装到位问题

【问题描述】

2021 年 3 月，浙江省宁波市大榭石化区某项目。质量监督工程师在对工艺区管廊基础梁和基础柱监督检查中，发现竖向钢筋和水平钢筋均未安装到位，距结构尺寸边缘 20 cm 范围内没有安装竖向和横向钢筋，影响工程质量，存在质量隐患。

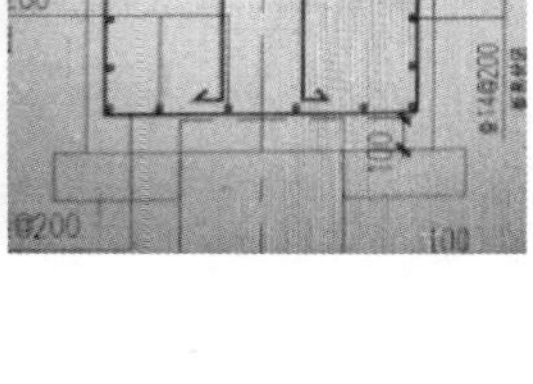

【监督依据】

该问题不符合设计要求和《混凝土结构工程施工质量验收规范》(GB 50204—2015)第5.5.2条“受力钢筋的安装位置、锚固方式应符合设计要求”的规定。

【案例评析】

1. 钢筋的安装尺寸不符合设计及规范要求，反映了施工单位在工程质量控制方面未切实进行把关，施工人员质量意识不强，施工单位质量管理人员管理不到位。

2. 监理单位巡视不到位，责任心不够，未发现现场出现的问题或发现问题未及时提出整改措施，造成质量管理失控，留下质量隐患。

【问题处置】

1. 工程质量监督机构对该问题施工单位下达《建设工程质量问题整改通知书》，责令限期整改。

2. 要求施工单位按照设计要求和工程质量验收标准进行施工，整改后报相关单位进行验收，验收合格后方可进行下道工序的施工工作。

【经验教训】

1. 钢筋的安装位置直接影响结构的受力性能，应严格按照设计要求和相关规范标准进行施工和验收，出现此类问题首先是由于施工单位技术交底没有做好，没有真正提高施工人员的质量意识，造成不按相关设计和规范要求施工的情况发生，其次是施工单位质量管理人员和监理单位人员在施工过程中没有履行质量检查责任，没有发现钢筋安装问题，造成施工质量隐患。

2. 基础工程属于隐蔽工程，其质量问题的整改和处理难度较大，因此要求各单位高度重视，严格执行施工质量标准，提高质量控制意识，保证工程施工质量。

案例20 主体框架柱钢筋保护层问题

【问题描述】

2021年3月，江苏省盐城市滨海港某项目。质量监督工程师在对配电综合楼二层已施工完成的混凝土框架柱检查中，发现多个主框架柱的混凝土保护层厚度不足，不符合设计要求(25 mm)且存在露筋现象，影响结构工程质量。

【监督依据】

该问题不符合设计要求和《混凝土结构工程施工质量验收规范》（GB 50204—2015）第 5.5.3 条的规定："受力钢筋保护层厚度的合格点率应达到 90%及以上，且不得有超过表中数值 1.5 倍的尺寸偏差。"

【案例评析】

1. 框架柱钢筋保护层厚度严重不足，是因为施工单位在钢筋安装和混凝土施工过程中质量控制不严，质量控制措施不到位，造成质量隐患。

2. 监理单位旁站监理时未履行检查责任，对出现的问题没有提出整改要求，并且在下步的质量外观检查时，没有对该问题进行检查，造成此类质量问题的出现。

【问题处置】

1. 工程质量监督机构对该问题施工单位下达《建设工程质量问题整改通知书》，责令限期整改。

2. 要求施工单位针对此类问题制定整改方案，并将整改方案报设计及相关单位确认后进行限期整改，监理单位负责监督整改过程和结果，报监督组复查。

【经验教训】

钢筋保护层厚度对结构的安全性和耐久性产生重要的影响，从钢筋黏结锚固角度来说，是为了保证钢筋与其周围混凝土能共同工作，从而满足设计强度要求；从耐久性上来说，是按照构件在设计使用年限内能保护钢筋不发生危及结构安全的锈蚀来确定的，而且国家标准《混凝土结构设计规范》（GB 50010—2010）

已将混凝土保护层厚度按最外层钢筋规定，提高和加强了对混凝土保护层厚度的质量控制，因此在施工过程中采取有效的措施来保证钢筋的保护层也是隐蔽工程中质量控制的重点之一。

案例 21　钢筋绑扎问题

【问题描述】

2021 年 3 月，江苏省盐城市滨海港某项目。质量监督工程师在对综合服务楼二层顶板梁钢筋安装监督检查时，发现部分框架梁底面及侧面钢筋漏绑严重，影响工程质量。

【监督依据】

该问题不符合《混凝土结构工程施工规范》（GB 50066—2011）中第 5.4.7 条“墙、柱、梁钢筋骨架中各竖向面钢筋网交叉点应全数绑扎”的规定。

【案例评析】

1. 框架梁钢筋漏绑严重问题原因在于施工单位技术和质量人员交底不到位，施工人员质量意识不强，为追求进度简化操作工艺，对施工规范执行不到位，质量管理人员在检查过程中没有履行检查责任，框架梁绑扎完成后没有进行验收，直接下放到梁底，造成整改难度加大。

2. 监理单位在钢筋安装过程中没有巡视到位，对钢筋安装的质量控制不严，对发现的问题没有采取整改措施，没有履行质量监管责任。

【问题处置】

1. 工程质量监督机构对该问题施工单位下达《建设工程质量问题整改通知

书》，责令限期整改。

2. 施工单位对存在问题的框架梁重新起吊绑扎，并对所有的框架梁钢筋进行全面排查，发现问题全部进行整改，监理单位复查合格后进行验收。

3. 施工单位已按整改要求全部整改完毕，并经监理单位验收合格后进行隐蔽。

【经验教训】

1. 施工规范对钢筋绑扎作出了具体要求，目的是为了保证受力钢筋的位置准确和钢筋骨架的稳固，保证构件的整体受力性能，漏绑严重会造成构件存在明显薄弱的受力部位，对结构安全产生重大影响。

2. 在今后的施工中，施工单位和监理单位要高度重视钢筋安装和隐蔽时的质量检查工作，严格按照相关规范加强质量检查和隐蔽验收，保证钢筋工程的安装质量。

案例 22　基础回填土质量问题

【问题描述】

2021 年 3 月，江苏省盐城市滨海港某项目。质量监督工程师在对配电综合楼基础回填土工程监督检查中，发现回填土的分层厚度过大且回填土的含水量过大，经核实，本基槽标高为−2.95 m，分两层就回填至标高−0.30 m，每层厚度约130 cm，远远超出规范规定的回填分层厚度（30 cm），影响回填土质量。

【监督依据】

该问题不符合《建筑地基基础工程施工质量验收标准》（GB 50202—2018）中第 9.5.2 条“填筑厚度及压实系数应根据土质、压实系数及压实机具确定。无试验依据时，应符合表 9.5.2 的规定”。

【案例评析】

1. 出现回填土厚度和回填土质量超标原因，是施工单位对回填土施工质量不重视，质量意识淡薄，未严格按照施工质量规范和批准的施工方案进行施工，留下质量隐患。

2. 监理单位未履行监督检查责任，没有严格按照质量验收规范和相关方案进行监督检查，旁站监理工作不到位，对出现的问题没有及时制止和采取有效的管理措施。

【问题处置】

1. 工程质量监督机构对该问题施工单位下达《建设工程质量问题整改通知书》，责令限期整改。

2. 要求施工单位对已经施工的回填土全部清理干净，严格控制回填土的质量和含水量，按照质量验收规范进行分层回填、分层夯实，并在下层压实度经试验合格后再进行上层回填土的施工工作。

3. 施工单位按照设计及规范要求对超出规范要求的回填土进行清理，并严格控制回填土的质量和含水率，保证采用符合要求的回填土进行分层回填压实，进行压实度检验，符合要求后进行下一层的回填工作，监理对回填过程和回填质量进行全程控制，已进行整改。

【经验教训】

1. 回填土的质量控制不好或处理不当，会造成不均匀沉降、基础下沉、地面空鼓和开裂，严重时会造成建筑物局部产生结构裂缝等各种质量问题，影响结构安全和后期使用。

2. 施工单位应高度重视回填土的施工和验收工作，严格按照质量标准和验收规范进行施工，切实保证回填土的施工质量。

案例 23　未按设计要求设置窗台梁问题

【问题描述】

1. 2021 年 3 月，江苏省滨海港某项目。质量监督工程师在对配电综合楼砌体结构监督检查中，发现配电综合楼所有的窗台未按设计要求设置窗台梁。

2. 2021 年 10 月，浙江省宁波市大榭开发区某项目。质量监督工程师在对 35 kV 联合变电所墙体砌筑监督检查中，发现变电所墙体未按设计要求设置窗台梁。

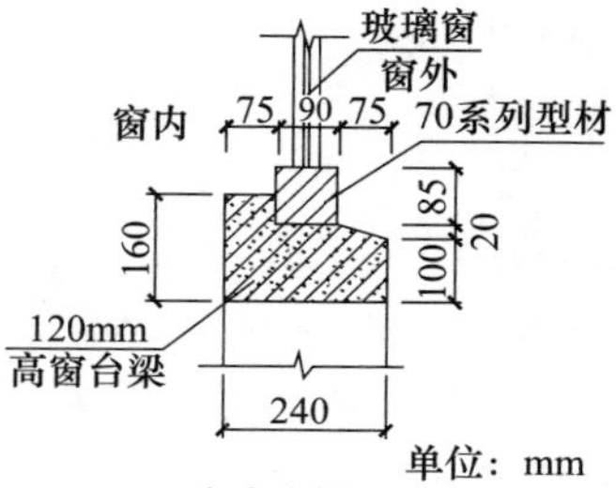

窗台大样图

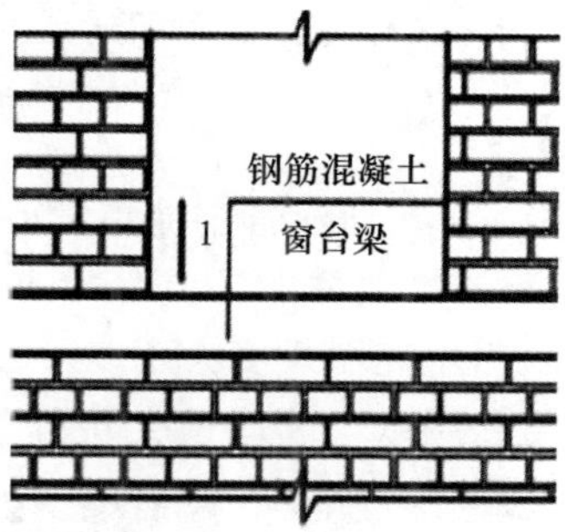

【监督依据】

上述两个项目均不符合设计要求。

【案例评析】

1. 上述两案例反映施工单位技术人员及质量管理人员首先未认真研读图纸，并且未制定窗台梁的施工方案和技术措施，未按设计要求施工，完全忽略本项工作内容，造成工程质量隐患。

2. 监理单位也未履行质量监管责任，在检查中也未发现此类问题的存在，未及时提出整改措施。

【问题处置】

1. 工程质量监督机构对该问题施工单位下达《建设工程质量问题整改通知书》，责令限期整改。

2. 严格按照设计要求进行窗台梁的施工工作，施工过程监理单位要进行严格检查，整改合格监理验收后再进行后续施工。

3. 施工单位制定了整改措施，按照设计要求完成窗台梁的施工，并经监理验收合格。

【经验教训】

1. 上述两个案例中，砌体材料分别为混凝土空心砌块和烧结多孔砖砌体，因此设计针对本案例中的砌体设置窗台梁，目的是增加砌体洞口的整体稳定性，防止和减轻窗下砌体裂缝和外部雨水进入，从而降低下部墙体的强度，引起窗台局部下沉，窗台梁的施工质量也直接影响窗户后期的使用效果。

2. 要求施工单位高度重视窗台梁的施工工作，严格按照设计及相关要求制定相应施工方案，保证工程施工质量。

3. 监督人员在对砌体结构施工检查时，应重点关注门窗洞口构造柱、过梁、圈梁和窗台梁等部位施工是否按照设计及规范进行施工。

案例 24　未按设计要求设置构造柱问题

【问题描述】

2021 年 10 月，浙江省宁波市大榭开发区某化工项目。质量监督工程师在对 110 kV 配电装置楼墙体砌筑监督检查中，发现配电装置楼多处墙体未按设计要求（设计要求当填充墙长度大于 5 m 或墙长大于 2 倍墙高时，设置构造柱）设置构造柱（经复核图纸，墙体长度分别为 6 m 和 7.5 m）。

【监督依据】

该项目不符合设计要求和《砌体结构工程施工质量验收规范》（GB 50203—2011）第 9.2.2 条的规定："填充墙砌体应与主体结构可靠连接，其连接构造应符合设计要求，未经设计同意，不得随意改变连接构造的做法。"

【案例评析】

1. 施工单位未认真研读图纸和相应规范标准，未按设计要求和相关规范标准施工，随意改变连接构造做法，施工过程中质量三检制度缺失，质量控制把关不严。

2. 监理单位未履行监理质量管理责任，对现场存在的质量问题未采取有效措施，造成质量问题的发生。

【问题处置】

1. 现场责令局部停工并下达《建设工程质量问题整改通知书》，责令限期整改。对不符合要求的墙体进行拆除，重新按照设计要求进行砌筑并布设构造柱，施工过程监理单位进行检查，整改合格监理验收后再进行后续施工。

2. 施工单位针对此问题进行全力整改，对未设置构造柱部分墙体进行拆除，重新砌筑并严格按照设计要求和规范规定留设构造柱，经监理单位检查后进行构造柱的浇筑工作，完成对质量问题的整改。

【经验教训】

1. 当砌体结构未按设计要求设置构造柱时，会影响墙体结构的整体稳固性能，降低抗震能力，墙体在水平地震荷载作用下极易破坏和倒塌，危及房屋结构的安全。

2. 在砌体工程监督检查时，监督人员应注意检查构造柱及圈梁的布设情况，熟悉图纸及规范要求，避免出现影响结构强度的质量隐患或质量问题。

案例 25 砌体工程现场开槽问题

【问题描述】

2021 年 10 月，浙江省宁波市大榭开发区某项目。质量监督工程师在对配电室装饰装修监督检查中，发现配电室配电箱洞口未进行预留且现场开槽，开槽后也未设置钢筋混凝土过梁。

【监督依据】

该问题不符合《砌体结构工程施工质量验收规范》（GB 50203—2011）中第 3.0.11 条的规定："设计要求的洞口、沟槽、管道应于砌筑时正确留出或预埋，未经设计同意，不得打凿墙体和在墙体上开凿水平沟槽。宽度超过 300 mm 的洞口上部，应设置钢筋混凝土过梁。"

【案例评析】

1. 上述案例说明施工过程中技术人员、质量管理人员和作业人员都没有认真研读图纸，没有对图纸中标注的洞口沟槽进行预留，在施工过程中各工种也没有进行有效的沟通，未经设计单位同意随意开凿洞口，并且开凿洞口后也未按相关规范要求设置钢筋混凝土过梁，野蛮施工。

2. 监理单位没有履行质量监管责任，在现场巡视中没有发现问题或发现问题后没有提出整改要求，造成质量问题的存在。

【问题处置】

1. 工程质量监督机构对该问题施工单位下达《建设工程质量问题整改通知书》，责令限期整改。

2. 要求施工单位查明问题的原因，是未进行预留还是由于设计变更造成的开凿洞口，总结经验教训，制定整改方案并征得相关单位批准后严格履行审批程序和执行相关规范标准进行整改，监理单位跟踪整改结果。

3. 施工单位在征得设计单位的同意后，进行开槽施工，并严格按照相关规范设置钢筋混凝土过梁，经通过监理验收合格后，完成整改。

【经验教训】

1. 建筑工程施工中，常存在各工种之间配合不当的问题，例如水电安装中的一些洞口、埋设管道等常在砌好的砌体上打凿，往往对砌体造成较大损坏，特别是在墙体上开凿水平沟槽对墙体受力极为不利。

2. 规范已明确规定，未经设计同意，不得打凿墙体或在墙体上开凿沟槽，施工过程中明显没有按照规范执行，因此应加强与设计单位的沟通，征得设计单位的同意后才能付诸实施。

3. 设计单位应强化设计，避免遗漏，需要提前预留的洞口沟槽应最大程度体现，防止后补，造成后期施工难度加大。

案例 26　分部验收资料不及时同步

【问题描述】

1. 2021 年 3 月，浙江省宁波市大榭石化区某项目。质量监督工程师在对机柜间基础分部验收记录资料检查中，发现地基与基础分部验收记录中勘察、设计单位均未签署验收文件，而主体结构已经施工。

2. 2021 年 9 月，广东省惠州市大亚湾石化区某项目。质量监督工程师在对机柜间、低压变电所、35 kV 变电所各单体工程验收资料检查中，发现机柜间、低压变电所、35 kV 变电所主体施工已接近完成，而各单体地基与基础分部验收未完成。

【监督依据】

以上问题不符合《建筑工程施工质量验收统一标准》（GB 50300—2013）第 6.0.3 条“……勘察、设计单位项目负责人和施工单位技术、质量部门负责人应参加地基与基础分部工程的验收……”和第 5.0.2 条和 5.0.3 条的相关规定。

【案例评析】

上述两个问题是由于施工单位分项工程验收记录汇总和报验不及时，未形成分部验收资料，监理单位组织地基与基础分部验收时，程序控制不严，没有按照规范要求组织相关人员进行验收工作，造成验收程序和签字程序不符合质量验收的规定。

【问题处置】

1. 工程质量监督机构对该问题监理单位下达《建设工程质量问题整改通知书》，责令限期整改。

2. 要求监理单位和施工单位按期整改，并在今后的质量管理中高度重视各分部分项及检验批的质量验收工作，保证工程质量验收程序合规。

3. 监理单位和施工单位针对此问题高度重视，已整理完成分部分项资料，并按照分部验收程序完成了分部验收，完成对该问题的关闭，对于本类问题也总结经验教训，项目施工中达到验收要求的分部分项工程及时组织相关单位人员进行验收工作，防止验收滞后。

【经验教训】

项目建设过程中，施工单位和监理单位往往对分部验收工作不重视，验收程序不规范，甚至不组织分部验收或不组织设计、勘察等相关单位进行确认和验收，既不能保证分部工程的验收质量，又违反了建筑工程施工质量的验收标准。

案例 27 主体砌体材料不符合设计要求

【问题描述】

2021 年 3 月，浙江省宁波市小田湾石化区某项目。质量监督工程师在对海塘应急管理用房±0.000 主体结构砌筑材料资料检查中，发现现场使用的砌筑材料与设计严重不符，设计要求为±0.000 以上墙体均采用 200 mm 厚轻集料混凝土小型空心砌块，强度等级外墙不小于 MU10，而现场已经砌筑完成的砌体材料为蒸压加气混凝土砌块，规格为 600 mm×300 mm×200 mm，B06，A3.5，且未提供设计变更文件。

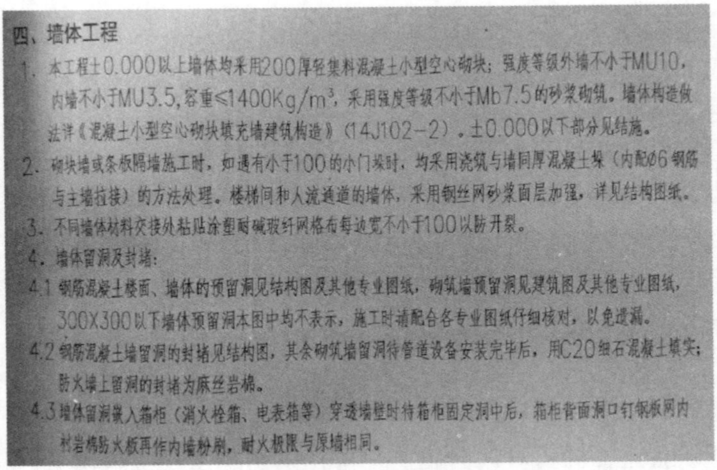

四、墙体工程

1. 本工程±0.000以上墙体均采用200厚轻集料混凝土小型空心砌块；强度等级外墙不小于MU10，内墙不小于MU3.5,容重≤1400Kg/m³，采用强度等级不小于Mb7.5的砂浆砌筑。墙体构造做法详《混凝土小型空心砌块填充墙建筑构造》（14J102-2）。±0.000以下部分见结施。
2. 砌块墙或条板隔墙施工时，如遇有小于100的小门垛时，均采用浇筑与墙同厚混凝土垛（内配ø6钢筋与主墙拉接）的方法处理。楼梯间和人流通道的墙体，采用钢丝网砂浆面层加强，详见结构图纸。
3. 不同墙体材料交接处粘贴涂塑耐碱玻纤网格布每边宽不小于100以防开裂。
4. 墙体留洞及封堵：

4.1 钢筋混凝土楼面、墙体的预留洞见结构图及其他专业图纸，砌筑墙预留洞见建筑图及其他专业图纸，300X300以下墙体预留洞本图中均不表示，施工时请配合各专业图纸仔细核对，以免遗漏。

4.2 钢筋混凝土墙留洞的封堵见结构图，其余砌筑墙留洞待管道设备安装完毕后，用C20细石混凝土填实；防火墙上留洞的封堵为麻丝岩棉。

4.3 墙体留洞嵌入箱柜（消火栓箱、电表箱等）穿透墙壁时待箱柜固定洞中后，箱柜背面洞口钉钢板网内衬岩棉防火板再作内墙粉刷，耐火极限与原墙相同。

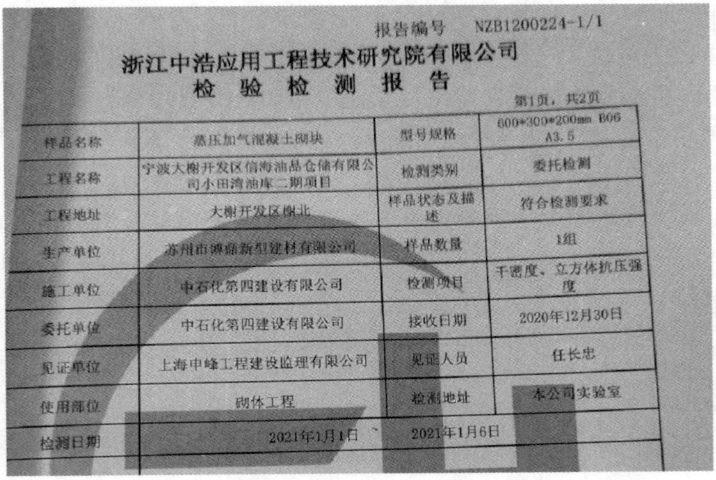

报告编号　NZB1200224-1/1

浙江中浩应用工程技术研究院有限公司
检验检测报告

第1页，共2页

样品名称	蒸压加气混凝土砌块	型号规格	600*300*200mm B06 A3.5
工程名称	宁波大榭开发区信海油品仓储有限公司小田湾油库二期项目	检测类别	委托检测
工程地址	大榭开发区榭北	样品状态及描述	符合检测要求
生产单位	苏州市博鼎新型建材有限公司	样品数量	1组
施工单位	中石化第四建设有限公司	检测项目	干密度、立方体抗压强度
委托单位	中石化第四建设有限公司	接收日期	2020年12月30日
见证单位	上海申峰工程建设监理有限公司	见证人员	任长忠
使用部位	砌体工程	检测地址	本公司实验室
检测日期	2021年1月1日 ~ 2021年1月6日		

【监督依据】

以上问题不符合设计要求和《砌体结构工程施工质量验收规范》（GB 50203—2011）第 3.0.1 条的规定："砌体结构工程所用的材料应有产品合格证书、产品性能型式检验报告，质量应符合国家现行有关标准的要求。块体、水泥、钢筋、外加剂尚应有材料主要性能的进场复验报告，并应符合设计要求。"

【案例评析】

1. 砌体材料未按设计要求进行采购和使用，将不符合设计要求的材料用于工程建设过程中，施工单位没有严格执行进场材料报验手续，没有按照施工方案和质量验收规范进行质量验收工作，没有认真核对进场材料质量证明文件和复验报告，造成进场材料管理失控。

2. 监理单位没有认真研读设计图纸，没有对进场材料进行把关，没有核实进场材料的相关性能是否与设计一致，造成不符合设计要求的材料用于工程中，严重影响了工程质量。

【问题处置】

1. 工程质量监督机构对该问题施工单位下达《建设工程质量问题整改通知书》，责令限期整改。

2. 要求监理单位和施工单位进行限期整改，拆除全部已经砌筑墙体，采购符合设计要求的材料进行施工，监理单位检查整改过程。

3. 施工单位针对该问题进行了彻底整改，将原有墙体进行拆除，不符合要求的墙体材料清除出场，采购符合设计要求的材料重新砌筑，监理单位检查验收合格。

【经验教训】

工程材料是工程质量监督检查的重点，将不符合设计要求的工程材料用于工程当中，会对工程质量造成非常大的影响。对工程材料的使用，各规范都有明确要求，因此监理单位和施工单位对工程材料应严格控制，严禁偷工减料。

案例 28　钢筋原材见证取样问题

【问题描述】

2021 年 6 月，浙江省宁波市大榭石化区某项目。质量监督工程师在对歧化装置及配套系统工程桩基工程所用钢筋材料质量证明文件和复试报告抽查中，发现直径为 20 mm 的钢筋（炉批号 Q163001854）出厂总重量为 48030 kg，而本炉号钢筋 2021 年 3 月 10 日和 2021 年 3 月 23 日分两批进行力学性能检测复试，复试代表批量分别为 24015 kg 和 33621 kg，共计 57636 kg，超出本炉批号实际出厂数量 9606 kg。

【监督依据】

该问题不符合《房屋建筑工程和市政基础设施工程实行见证取样和送检的规定》（建建〔2000〕211 号）第六条“用于承重结构的钢筋必须实施见证取样和送检”的规定。

【案例评析】

施工单位和监理单位没有重视工程材料的见证取样工作，对进场材料没有把关，对工程材料的管理失控，没有认真核对相关质量证明文件，没有认真进行抽样送检工作，造成抽样检验报告无法证明进场材料的真实质量。

【问题处置】

1. 工程质量监督机构对该问题施工单位下达《建设工程质量问题整改通知书》，责令限期整改。要求监理单位和施工单位进行按期整改，首先查明原因，再制定整改方案，整改完成后提交整改报告，监督组审核。

2. 监理单位和施工单位高度重视此问题，经查，造成此类问题的原因是由于在见证取样时将第二批钢筋的炉批号填写错误，随后对第二批钢筋重新进行取样复试工作，经复试合格。

3. 对现场取样员、见证员加强教育，增强质量意识，严格按照规范规定进行工程材料的见证取样工作。

【经验教训】

见证取样是保证建筑工程质量安全的重要工作内容，它的真实性和代表性决定了工程质量的可靠性，而上述案例两次抽检的代表数量多于本批钢筋的出厂数量，代表数量不合理，存在数据不真实，对进场钢筋的质量控制缺失，见证取样管理混乱，监理单位也未履行质量控制的职责，造成进场材料质量管理失控。

案例 29　钢筋焊接质量问题

【问题描述】

2021 年 1 月，天津市滨海新区南疆港区某项目。质量监督工程师在对该项目混凝土灌注桩工程检查中，发现混凝土灌注桩钢筋笼个别钢筋焊接接头焊接质量不符合要求。

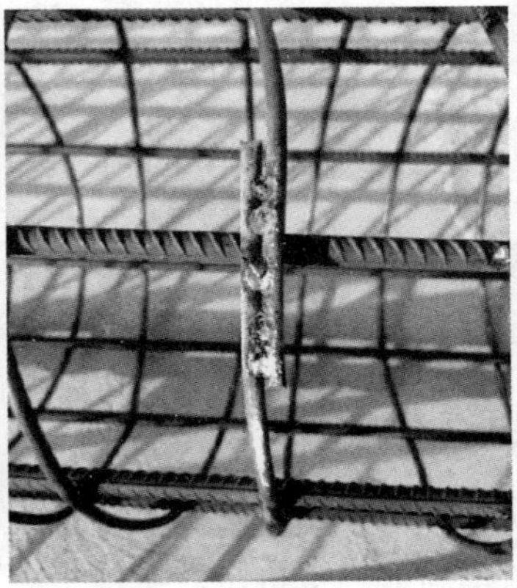

【监督依据】

该问题不符合《钢筋焊接及验收规程》(JGJ 18—2012)第 4.5.3 条第 4 款“焊接过程中应及时清渣，焊缝表面应光滑，焊缝余高应平缓过渡，弧坑应填满”的规定。

【案例评析】

1. 钢筋焊接作业在土建工程中属于薄弱环节，焊接质量存在较多的质量问题，必须提高认识、加强管理，焊接规程对于钢筋焊接有明确的要求，各方应遵照执行。

2. 该问题反映出施工单位对钢筋焊接质量控制未执行三检制度，未严格执行焊接操作工艺规程，也反映出监理单位对焊接质量疏于管理，造成焊接质量问题频繁发生。

【问题处置】

1. 工程质量监督机构对该问题施工单位下达《建设工程质量问题整改通知书》，责令限期整改。

2. 施工单位加强焊接作业的质量控制，做好技术交底，加强三检制度的执行。

3. 监理单位对现场焊接问题整改情况进行检查、复核，按照规范要求组织验收。

【经验教训】

1. 钢筋焊接的质量直接影响到钢筋笼的整体稳定性，与结构安全息息相关，在施工过程中应予以足够重视。

2. 基础混凝土工程施工必须要重视钢筋焊接的施工质量，相关技术质量人员在现场检查时，要观察焊接外观质量是否合格，另外还要检查焊接工艺试验及焊接相关检测记录是否符合规范要求。

3. 监督人员在钢筋焊接质量控制方面应重点关注。

案例 30 钢筋笼箍筋间距问题

【问题描述】

1. 2021 年 1 月，天津市滨海新区南疆港区某项目。质量监督工程师在对该项目混凝土灌注桩工程检查中，发现混凝土灌注桩个别钢筋笼箍筋绑扎不规范，间距不均匀，实测多处间距为 220～240 mm，设计间距为 200 mm。

2. 2021 年 5 月，广东省惠州市大亚湾石化区某项目。质量监督工程师在对钢筋笼制作巡视检查中，抽查桩箍筋间距实测三档正偏差 80 mm，设计间距为 200 mm。

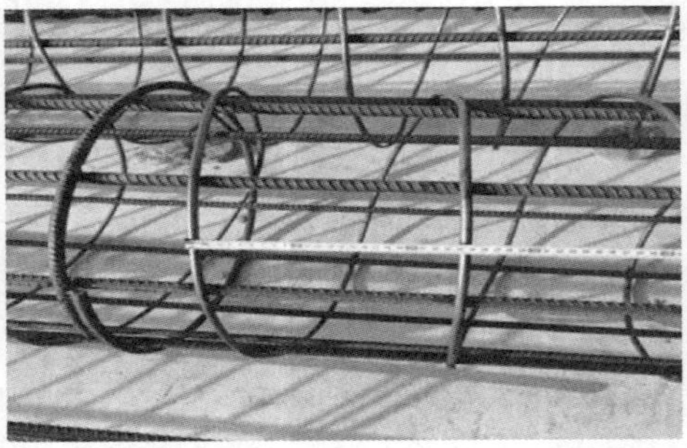

【监督依据】

以上问题不符合《混凝土结构工程施工质量验收规范》（GB 50204—2015）第 5.5.3 条“绑扎箍筋允许偏差±20 mm”的规定。

【案例评析】

1. 钢筋绑扎的间距偏差在土建工程中属于质量通病，尤其是在钢筋笼这种半自动化的绑扎方式，由于片面追求效率，操作人员不重视绑扎质量且发现问题也不及时调整，导致出现质量问题。

2. 该问题反映出施工单位对钢筋笼绑扎环节未严格执行规范要求，也未执行工序交接制度。监理单位未按规范要求对钢筋加工的质量进行监管，存在失责情况。

【问题处置】

1. 工程质量监督机构对该问题施工单位下达《建设工程质量问题整改通知书》，责令限期整改。

2. 施工单位对此类问题立即进行整改，对出现问题钢筋笼螺旋筋拆除后按规范规定进行安装，加强钢筋绑扎的质量控制，在钢筋笼制作前对施工人员做好技术交底，增强施工人员的质量意识，施工过程中加强三检制度实施，保证施工质量。

3. 监理单位加强监理人员的管理，对履职不到位的进行教育，对现场钢筋绑扎问题整改情况进行检查、复核，按照规范要求组织验收。

【经验教训】

1. 灌注桩钢筋笼箍筋间距影响到起吊时钢筋笼整体稳定性，也会影响到灌注桩的结构安全，必须重视。

2. 桩基施工必须重视螺旋箍筋的施工质量，相关技术质量人员在现场检查时，要检查钢筋直径及间距是否符合要求，另外还要检查加密区是否加密，绑扎或点焊是否牢靠。

案例 31　灌注桩桩头质量问题

【问题描述】

1. 2021 年 1 月，浙江省宁波市大榭开发区某项目。质量监督工程师在对该项目混凝土灌注桩工程检查中，发现灌注桩桩头处理造成桩头破损，标高不满足设计要求。

2. 2021 年 6 月，浙江省宁波市大榭开发区某项目。质量监督工程师在对该项目混凝土灌注桩工程检查中，发现部分灌注桩锚固钢筋长度不满足设计长度，且多数锚固钢筋扭曲、不顺直。

【监督依据】

以上两个问题均不符合设计及规范要求，不符合《建筑地基基础工程施工质量验收标准》（GB 50202—2018）第 5.6.4 条桩顶标高验收标准为＋30 mm、－50 mm 的规定。

【案例评析】

1. 该问题反映出施工单位对桩头破除未采取有效的质量控制措施。监理单位对施工单位的野蛮施工行为未采取措施。

2. 混凝土灌注桩桩头破除是质量控制的薄弱环节，由于操作人员的作业不当极易造成桩头破损、钢筋被截断等现象，导致桩顶标高无法达到设计要求、钢筋锚固长度不足等问题，务必要引起施工及监理人员的重视。

【问题处置】

1. 工程质量监督机构对该问题施工单位下达《建设工程质量问题整改通知书》，责令限期整改。

2. 施工单位对现场桩顶标高不足的进行修复或接桩处理，对钢筋锚固不足的进行补筋焊接接长，监理单位对现场桩基问题整改情况进行检查、复核，按照规范要求组织验收。

【经验教训】

1. 桩基工程的桩头破除应按施工方案实施，应实行样板制施工。施工前应做好技术交底和班组教育，避免野蛮施工。

2. 桩头破除完成后，施工单位、监理单位应及时对桩头和钢筋质量进行检查，根据问题制定整改措施并实施。

3. 监督人员在现场检查时应核查桩头的标高和锚固钢筋的数量、长度等质量情况。发现问题应及时要求责任单位予以整改。

案例 32　钢筋笼加工问题

【问题描述】

2021 年 6 月，浙江省宁波市大榭开发区某项目。质量监督工程师在对该项目歧化配套管廊基础巡视检查中，发现桩钢筋笼加工存在钢筋加密区长度不够、加劲箍筋单面搭接焊长度不足 $10d$，螺旋箍筋点焊固定存在灼伤主筋的现象。

【监督依据】

该问题不符合设计要求和《钢筋焊接及验收规程》（JGJ 18—2012）第 4.5.5 条“单面焊≥10d”的规定。

【案例评析】

钢筋笼的加劲箍筋、螺旋箍筋点焊固定都是加固钢筋笼、增强整体性的措施，施工质量细节未做到位，将会影响整体钢筋笼的质量，例如加劲箍筋搭接焊长度不足、螺旋箍筋点焊电流过大导致主筋受到损伤等质量问题。

【问题处置】

1. 工程质量监督机构对该问题施工单位下达《建筑工程质量问题整改通知书》，责令限期整改。要求施工单位、监理单位全面检查现场钢筋绑扎质量，针对不符合要求的采取返工处理。

2. 施工单位对已完成钢筋笼进行了全面的复查，对发现搭接长度不足的加劲箍筋进行拆除、返工处理；对钢筋焊接电流过大导致灼伤主筋的现象进行规范，确保后续不出现类似情况。

3. 施工单位加强作业人员的管理，做好施工事前准备，监理单位提高检查力度，加强监理人员履职责任心，对钢筋笼制作增加巡监频次。

【经验教训】

1. 桩基工程直接影响到主体结构的沉降，危及结构安全，而钢筋笼的加工制作属于桩基质量控制的重点，监督人员务必重视。

2. 桩基钢筋笼制作过程，相关技术质量人员在现场检查时，除了检查钢筋型号、规格、数量、间距是否符合设计及规范要求外，对于加劲箍筋以及螺旋箍筋的固定也要引起重视，仔细检查方能保证措施到位。

案例 33　钢筋加工质量问题

【问题描述】

1. 2021 年 3 月，浙江省宁波市大榭开发区某项目。质量监督工程师在对该芳烃联合装置基础短柱钢筋安装检查时发现，现场箍筋成品存在大量箍筋弯钩角度一端为 135°、一端为 90°，不符合规范要求。

2. 2021 年 3 月，浙江省宁波市大榭开发区某项目。质量监督工程师在对该歧化装置基础短柱钢筋安装工程中检查发现，存在较多处的直径 10 mm 箍筋平直段仅 50～60 mm，不足 100 mm，不满足规范要求的 10 倍钢筋直径且长度不小于 100 mm。

【监督依据】

该问题不符合《混凝土结构工程施工质量验收规范》（GB 50204—2015）第5.3.3条的规定："箍筋、拉筋的末端应按设计要求作弯钩，并应符合下列规定：……箍筋弯钩弯折角度不应小于135°，弯折后平直段长度不应小于箍筋直径的10倍……"

【案例评析】

1. 以上两个案例暴露出施工现场对箍筋加工、安装两个环节均未有效控制，箍筋加工半成品未验收合格即运输到现场，安装前无人检查，直接绑扎完成。

2. 该问题反映出施工单位对钢筋加工环节未严格执行规范要求，也未执行工序交接制度的情况。监理单位未按规范要求对钢筋加工的质量进行监管，对工序交接的质量未予把关。

【问题处置】

1. 工程质量监督机构对该问题施工单位下达《建筑工程质量问题整改通知书》，责令限期整改。

2. 施工单位加强钢筋加工绑扎的质量控制，做好技术交底，加强三检制度的执行。

3. 监理单位对现场钢筋安装加强质量巡查，对发现的问题及时要求施工单位进行整改。

【经验教训】

1. 钢筋制作加工过程中的抗震结构箍筋弯折的角度、弯折后平直段的长度直接影响结构抗震性能，GB 50204、16G101图集都有明确要求，必须予以重视。

2. 钢筋隐蔽工程属于重点监督检查内容，检查人员除了对钢筋的型号、规格、数量、间距等主控项目进行检查外，也不能忽视抗震结构的箍筋弯钩这类看似轻微的质量问题，因为抗震无小事。

案例 34 钢筋安装问题

【问题描述】

2021 年 5 月，广东省惠州市大亚湾石化区某项目。质量监督工程师在对 35 kV 变电所钢筋工程检查中，发现一处基础主梁与次梁连接部位未做附加箍筋。

【监督依据】

该问题不符合 16G101-3《混凝土结构施工图平面整体表示方法制图规则和构造详图》第 79 页“主次梁交接处附加箍筋”的规定。

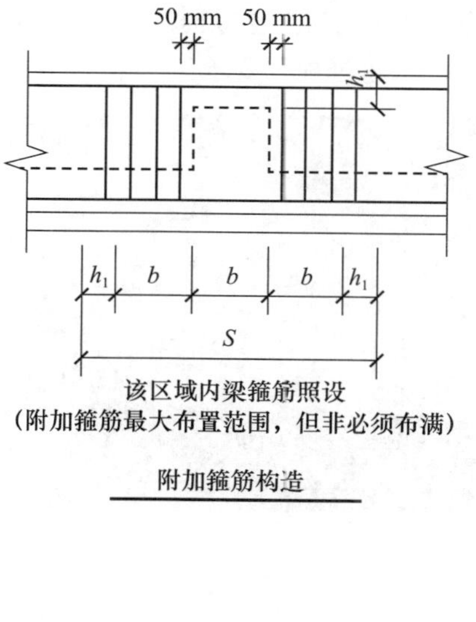

附加箍筋构造

【案例评析】

1. 16G101 系列图集是钢筋工程目前执行的主要图集，本项目设计文件执行图集的相关要求，该问题反映出施工人员对图集了解不到位，施工技术人员交底不彻底。

2. 监理单位未按规范要求对钢筋加工的质量进行监管，对工序交接的质量未予把关。

【问题处置】

1. 工程质量监督机构对该问题施工单位下达《建设工程质量问题整改通知书》，责令限期整改。

2. 施工单位加强钢筋安装的质量控制，做好技术交底，加强三检制度的执行。

3. 监理单位对现场钢筋安装问题整改情况进行检查、复核，按照规范要求组织验收。

【经验教训】

1. 钢筋安装作为钢筋工程的一个重要工序，现场施工应严格按照设计要求及规范、图集进行，对于图纸的理解、现场的检查、施工的技术都有待提高，必须加强管理。

2. 钢筋安装过程中，检查人员除了对钢筋的型号、规格、数量、间距等主控项目进行检查外，也要重视对箍筋的加密区进行检查，对图纸、规范应深入了解。

案例 35　地连梁尺寸问题

【问题描述】

2020 年 5 月，天津市滨海新区某项目。质量监督工程师在对 35 kV 总降压站 *A*-*B* 轴交 2 轴地连梁梁高进行实测实量时，实测值为 570 mm，小于设计值 600 mm，偏差达到－30 mm，超过规范要求。

【监督依据】

该问题不符合《混凝土结构工程施工质量验收规范》(GB 50204—2015)第8.3.2条“现浇结构的位置、尺寸偏差及检验方法应符合表8.3.2的规定”，即基础截面尺寸允许偏差为(+15 mm，−10 mm)。

【案例评析】

1. 基础地梁属于重要结构构件，涉及结构安全，结构尺寸属于质量控制的主要项目，《混凝土结构工程施工质量验收规范》(GB 50204—2015)对于现浇结构尺寸偏差有明确要求。

2. 该问题反映出施工单位对现浇结构的尺寸控制不到位，模板施工未严格执行质量验收程序，工序交接执行不到位。监理单位未按规范要求对模板安装的尺寸偏差进行检查，对工序验收质量未予把关。

【问题处置】

1. 工程质量监督机构对该问题施工单位下达《建设工程质量问题整改通知书》，责令限期整改。

2. 要求责任单位委托设计单位对地连梁局部进行承载力核算，满足设计要求后才允许进行下步工序施工。

3. 责令监理单位加强专业监理工程师的责任心和职业素质教育，加强对现场现浇结构等重要部位质量检查和验收，对重要的结构尺寸进行检查、复核。

【经验教训】

1. 结构尺寸的偏差影响结构安全，在混凝土结构验收规范中有具体的要求，也是施工过程质量控制的重点，应予以足够重视。

2. 混凝土结构施工必须要重视现浇结构的尺寸偏差，必须符合设计与规范要求，相关技术质量人员在现场时除检查观感质量外，还要对关键部位进行实测实量，检查是否符合规范要求。

案例36　钢筋安装保护层不足问题

【问题描述】

2021年3月，浙江省宁波市大榭开发区某项目。质量监督工程师在对该芳烃联合装置钢筋隐蔽工程检查中，发现余热回收装置局部基础承台侧面钢筋紧贴模板，钢筋保护层厚度不符合设计要求。

【监督依据】

该问题不符合《混凝土结构工程施工质量验收规范》（GB 50204—2015）第5.5.3条中混凝土保护层厚度的要求："钢筋安装偏差及检验方法应符合表5.5.3的规定。梁板类构件上部受力钢筋保护层厚度的合格点率应达到90%及以上，且不得有超过表中数值1.5倍的尺寸偏差。"

【案例评析】

1. 该问题反映出施工单位对钢筋绑扎过程中保护层厚度的控制不到位，模板施工前钢筋未按规定安装确保混凝土保护层厚度的垫块。

2. 监理单位未按规范要求对混凝土保护层厚度进行检查，对钢筋隐蔽工程验收未予把关。

【问题处置】

1. 工程质量监督机构对该问题施工单位下达《建设工程质量问题整改通知书》，责令限期整改。

2. 施工单位针对该问题进行彻底整改，首先对上述问题进行全面排查，按要求布设钢筋保护层垫块，并对施工人员加强教育，重点做好施工前交底工作。

3. 监理单位对现场混凝土保护层厚度问题整改情况进行检查、复核，按照规范要求组织验收，对专业监理工程师加强教育，督促认真履职，对履职不到位的予以撤换。

【经验教训】

1. 保护层厚度对结构的安全性、耐久性都有重要影响，因此在GB 50204中将受力钢筋保护层厚度的合格率提高到90%以上，海油建设工程所在地多数在沿海地区，属于易腐蚀环境，保护层厚度尤为重要。

2. 基础混凝土工程施工必须要重视保护层厚度的施工质量，相关技术质量人员在现场检查时，要观察垫块数量、厚度是否满足设计要求，另外还要检查模板支撑体系是否牢靠、模板安装尺寸是否符合设计要求，避免出现混凝土外观质量问题。

案例37　地梁基础截面尺寸问题

【问题描述】

2020年5月，天津市滨海新区某项目。质量监督工程师在井控中心基础检查时，发现个别地梁基础截面尺寸偏差过大，设计梁高为450 mm，实测局部高度480 mm（偏差+30 mm），局部430 mm（偏差−20 mm）。

【监督依据】

该问题不符合《混凝土结构工程施工质量验收规范》（GB 50204—2015）第8.3.2条“现浇结构的位置和尺寸偏差及检验方法应符合表8.3.2的规定”，即基础截面尺寸允许偏差为（+15 mm，−10 mm）。

【案例评析】

1. 基础地梁属于重要结构构件，涉及结构安全，结构尺寸属于质量控制的主要项目，《混凝土结构工程施工质量验收规范》（GB 50204—2015）对于现浇结构尺寸偏差有明确要求。

2. 该问题反映出施工单位对现浇结构的尺寸控制不到位，模板施工未执行工序交接制度。监理单位未按规范要求对模板安装的尺寸偏差进行检查，对工序交接的质量未予把关。

【问题处置】

1. 工程质量监督机构对该问题施工单位下达《建设工程质量问题整改通知书》，责令限期整改。

2. 施工单位加强现浇结构的质量控制，做好技术交底，加强三检制度的执行。

3. 监理单位对现场现浇结构尺寸偏差的整改情况进行检查、复核，按照规范要求组织验收。

【经验教训】

1. 结构尺寸在《混凝土结构工程施工质量验收规范》中有具体的要求，偏差影响结构安全，也是施工过程质量控制的重点。

2. 混凝土结构施工必须重视现浇结构的尺寸要求，力求满足设计与规范要求，相关技术质量人员在现场检查观感质量，另外还要对关键部位进行实测实量，检查是否符合规范要求。

案例 38　钢筋焊接接头未进行工艺检验

【问题描述】

2021 年 3 月，浙江省宁波市大榭开发区某项目。质量监督工程师在对该聚丙烯装置机柜间砌体工程检查中，发现机柜间剪力墙竖向钢筋采用焊接接头，未进行工艺检验。

【监督依据】

该问题不符合《钢筋焊接及验收规程》（JGJ 18—2012）第 4.1.3 条“在钢筋工程焊接开工之前，参与该项工程施焊的焊工必须进行现场条件下的焊接工艺试验，应经试验合格后，方准于焊接生产”的规定。

【案例评析】

1. 该问题反映出施工单位对钢筋焊接工艺控制不到位，焊接作业前未执行规范要求的检验制度。

2. 监理单位未按规范要求进行检查，对焊接工艺检验的质量未予把关。

【问题处置】

1. 工程质量监督机构对该问题施工单位下达《建设工程质量问题整改通知书》，责令限期整改。

2. 施工单位暂停焊接作业，重新组织焊接工艺试验，监理单位见证取样送检，待符合规范要求后进入下步施工。

【经验教训】

1. 焊接工艺试验是对焊工水平、焊接工艺方法、焊材、原材适用性的一种检验，属于事前控制，也是必须要执行的程序，目前很多在建工程为了进度忽视程序的执行，这种情况必须遏制，否则一旦出现质量问题可能就是一系列的问题，返工损失的不仅是经济还有进度，得不偿失。

2. 钢筋焊接工程开始正式焊接前，相关技术人员首先要制定焊接方案，每种牌号、每种规格的钢筋根据规范要求制作试件，在现场条件下进行焊接工艺试验，如第一次未通过，应改进工艺，调整参数，直至合格为止。采用的焊接工艺参数应做好记录，以备查验。

3. 质量监督工程师在钢筋焊接工程检查中，应重视钢筋焊接工艺试验的要求，检查焊接工艺试验报告等相关资料，是监督检查钢筋焊接质量的主要内容，需要注意的是，该内容是 JGJ 18 的强制性条文。

案例 39　混凝土浇筑质量及尺寸偏差问题

【问题描述】

1. 2021 年 1 月，天津市滨海新区某项目。质量监督工程师在对该项目接收站变电所主体结构巡视检查中发现，一层个别柱子根部存在错台 40 mm 左右的偏差，超过规范标准。

2. 2021 年 3 月，浙江省宁波市大榭开发区某项目。质量监督工程师在对该聚丙烯装置变电所混凝土结构工程检查中，发现个别框架梁柱混凝土局部存在蜂窝、露筋等质量缺陷。

【监督依据】

以上问题不符合《混凝土结构工程施工质量验收规范》（GB 50204—2015）第 8.2 条现浇结构外观质量及第 8.3 条位置和尺寸偏差的要求。

【案例评析】

1. 以上问题反映出施工单位在钢筋模板安装、混凝土施工过程中未采取必要的管控措施，工序三检制执行不到位。

2. 施工单位对现浇结构已发生的外观质量缺陷重视程度不够，也未制定处理方案或处理不及时。

3. 监理单位在混凝土拆模后未及时对混凝土外观质量进行检查验收，对存在的质量问题视而不见，未对发生的质量缺陷采取处置措施，监管失责。

【问题处置】

1. 工程质量监督机构对该问题施工单位下达《建设工程质量问题整改通知书》，责令限期整改。

2. 施工单位针对质量缺陷制定整改方案，经设计、建设、监理单位批准后实施整改，同时加强对钢筋工、模板工和混凝土工的班前教育，强调现场技术管理人员的质量检查履责，做到举一反三，避免类似问题再次发生。

3. 监理单位对专业监理工程师予以批评教育，增强质量意识和责任心，对混凝土质量缺陷问题的整改进行跟踪、复核，直至问题全部解决。

【经验教训】

1. 混凝土结构施工必须重视现浇结构的外观质量缺陷，尤其是混凝土现浇结构观感严重质量缺陷，将直接影响到结构性能、使用功能或耐久性，为此，《混凝土结构工程施工质量验收规范》(GB 50204—2015) 对现浇结构外观质量缺陷等级有明确要求，也是施工过程质量控制的重点。

2. 混凝土结构拆模后，施工单位及时报监理检查验收，对已经出现的严重缺陷，应由施工单位根据缺陷的具体情况提出技术处理方案，经监理单位认可后处理，并重新检查验收，对于影响结构安全的严重缺陷，还应经设计单位认可，因此监督检查时，监督人员除了在现场检查外观质量外，也要对缺陷的处理程序及验收文件进行检查。

案例 40　工程资料填写错误

【问题描述】

2021 年 7 月，江苏省滨海县某项目。质量监督工程师在对主体结构资料检查时，发现主体分部验收日期为 6 月 17 日，而混凝土结构实体检测日期为 7 月 14 日，不符合时间逻辑性。

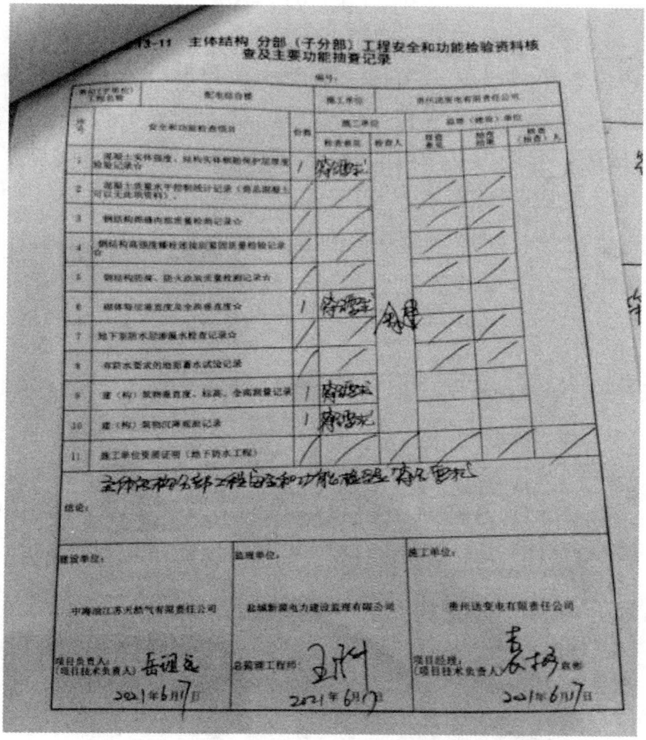

主体结构 分部（子分部）工程安全和功能检验资料核查及主要功能抽查记录

建设单位：

监理单位：

施工单位：

【监督依据】

该问题不符合《混凝土结构工程施工质量验收规范》（GB 50204—2015）第10.2.1条“混凝土结构子分部工程施工质量验收合格应符合下列规定：……4 结构实体检验结果应符合本规范第10.1节的要求”的规定。

【案例评析】

1. 结构实体检验作为主体结构验收的前置条件，未经检验验收合格，实属本末倒置，不合逻辑。

2. 该问题反映出施工单位对结构实体检验重视程度不够，检验不及时。监理单位未按规范要求组织结构验收，也未见证实体检验过程，验收过程流于形式。

【问题处置】

1. 工程质量监督机构对该问题监理单位下达《建设工程质量问题整改通知书》，责令重新组织主体结构分部验收。

2. 监理单位按照验收程序要求重新组织了主体分部工程的验收工作，针对该问题吸取教训，做好验收前的各项准备工作，包括资料文件的审查把关，对不符合分部验收条件的不得组织验收。

【经验教训】

1. 实体结构检验在《混凝土结构工程施工质量验收规范》中有单独的章节提出，重要性不言而喻，很多施工单位、监理单位对于规范不熟悉，导致验收形式化，重要的检验内容缺失，验后再补做可能会造成质量隐患遗留在下步施工工程中。

2. 主体结构验收时，验收人员除了检查工程实体质量外，还应检查相关的检验检测报告完整性及时间逻辑顺序，加强质量管理归根结底还是要提高各参建方的质量行为意识，对质量验收规范要执行到位。

案例 41　钢结构防腐层施工质量问题

【问题描述】

2021 年 7 月，江苏省滨海县某项目。质量监督工程师在对高压压缩机厂房钢结构工程巡视检查过程中，发现部分钢梁涂料存在流坠现象。

【监督依据】

该问题不符合《钢结构工程施工质量验收规范》(GB 50205—2020) 第 13.2.7 条“涂层应均匀，无明显皱皮、流坠、针眼和气泡等”的规定。

【案例评析】

1. 该问题反映出施工单位对钢结构涂层重视程度不够，施工单位人员质量意识薄弱，未严格按照审批过的施工方案组织施工，也未按方案要求进行修补。

2. 监理单位在日常巡视检查过程中未发现问题，质量职责履职不到位，对明显缺陷问题未提出整改要求。

【问题处置】

1. 工程质量监督机构对该问题施工单位下达《建设工程质量问题整改通知书》，责令限期整改。

2. 施工单位对全场钢结构涂层进行质量排查，对检查发现的问题严格按照方案实施整改，对责任心不强的施工人员清退出场，并加强施工前交底工作。

3. 监理单位加强现场的巡视检查力度，重点对修补部位防腐层质量进行检查，按照规范要求组织验收。

【经验教训】

1. 钢结构涂层质量直接影响结构的耐久性，为防止钢结构受侵蚀，设计对钢结构有防腐层的要求。为保证涂刷防腐层的质量，规范对钢结构的基层处理提出了要求。而施工中，许多施工单位为节约工期，防腐作业时不按施工工艺实施，防腐作业随意，造成质量缺陷。

2. 钢结构工程施工必须重视防腐层的施工质量，相关技术质量人员在现场检查时，要检查防腐层的表观质量是否合格，另外还要检查钢结构基层处理的相关记录是否符合规范要求。

案例 42 钢结构安装未按设计施工

【问题描述】

2021 年 7 月，江苏省滨海县某项目。质量监督工程师在对高压压缩机厂房钢结构工程巡视检查过程中，发现高压压缩机厂房有一处钢梁结构尺寸与设计不符。

【监督依据】

该问题不符合设计要求。

【案例评析】

1. 钢结构主要构件尺寸直接影响结构安全，必须符合设计要求，不得任意改变。

2. 该问题反映出施工单位对钢结构施工随意，构件任意更改且未经设计同意。监理单位现场检查不到位，管理缺失。

【问题处置】

1. 工程质量监督机构对该问题施工单位下达《建设工程质量问题整改通知书》，责令限期整改。

2. 施工单位对钢结构构件进行全面自查，发现类似问题全面记录，制定整改方案，上报设计、监理、建设单位审批后实施。

3. 监理单位对现场钢结构构件偏差问题整改情况进行检查、复核，按照规范要求组织验收。

【经验教训】

1. 钢结构构件是否与设计文件一致涉及结构安全问题，是项目施工的基本要求。

2. 钢结构施工必须重视结构构件的施工质量，按图施工是基本要求，相关技术质量人员在现场检查时，需要检查结构构件是否与设计保持一致，如有变更还要检查变更程序是否符合要求。

3. 施工单位随意更改钢梁结构尺寸和规格，钢梁受力会发生重大改变，未经设计核算，无法确定是否符合原设计文件受力要求，留下质量隐患。

案例 43　砌体工程所用材料未进行相关检测试验

【问题描述】

2021 年 7 月，江苏省滨海县某项目。质量监督工程师在对 110 kV 输变电工程配电综合楼砌体工程检查中，发现 0.2 m 以下砌筑砂浆及抹灰砂浆（M15）未提供强度检测报告，0.2 m 以上蒸压灰砂砖墙砌筑用 M7.5 混合砂浆未见配合比、原材料、强度复试报告等资料。

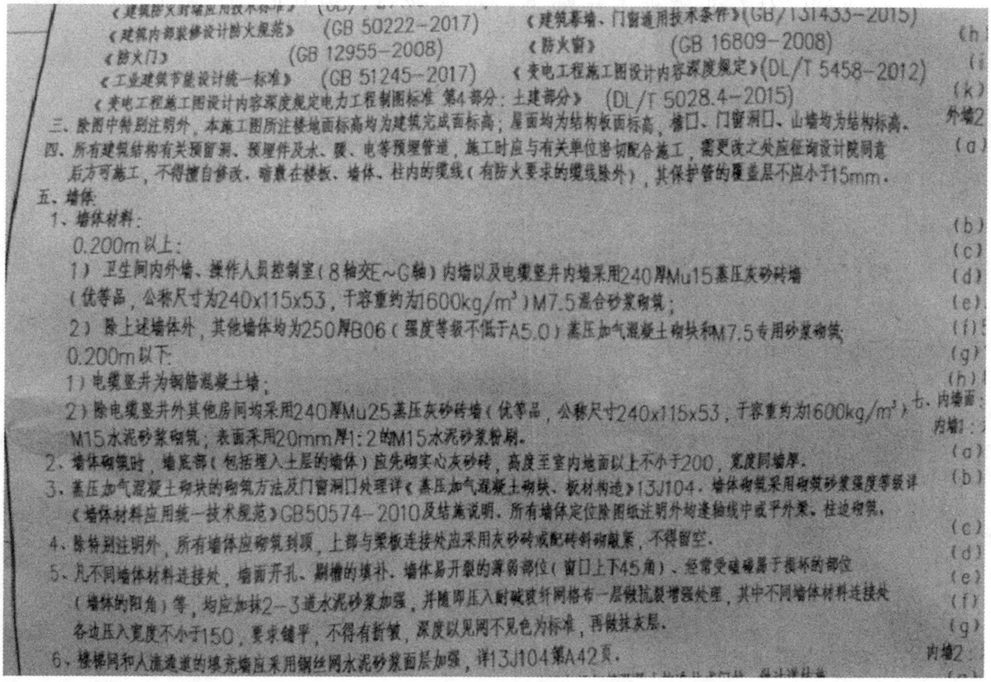
《建筑内部装修设计防火规范》（GB 50222-2017）　《建筑幕墙、门窗通用技术条件》（GB/T 31433-2015）
《防火门》（GB 12955-2008）　《防火窗》（GB 16809-2008）
《工业建筑节能设计统一标准》（GB 51245-2017）　《变电工程施工图设计内容深度规定》（DL/T 5458-2012）
《变电工程施工图设计内容深度规定电力工程制图标准 第4部分：土建部分》（DL/T 5028.4-2015）
三、除图中特别注明外，本施工图所注楼地面标高均为建筑完成面标高；屋面均为结构板面标高，檐口、门窗洞口、山墙均为结构标高。
四、所有建筑结构有关预留洞、预埋件及水、暖、电等预埋管道，施工时应与有关单位密切配合施工，需更改之处应征询设计院同意后方可施工，不得擅自修改。暗敷在楼板、墙体、柱内的缆线（有防火要求的缆线除外），其保护管的覆盖层不应小于15mm。
五、墙体
1、墙体材料：
0.200m以上：
1）卫生间内外墙、操作人员控制室（8轴交E~G轴）内墙以及电缆竖井内墙采用240厚Mu15蒸压灰砂砖墙（优等品，公称尺寸为240x115x53，干容重约为1600kg/m³）M7.5混合砂浆砌筑；
2）除上述墙体外，其他墙体均为250厚B06（强度等级不低于A5.0）蒸压加气混凝土砌块和M7.5专用砂浆砌筑
0.200m以下：
1）电缆竖井为钢筋混凝土墙；
2）除电缆竖井外其他房间均采用240厚Mu25蒸压灰砂砖墙（优等品，公称尺寸240x115x53，干容重约为1600kg/m³）M15水泥砂浆砌筑；表面采用20mm厚1:2的M15水泥砂浆粉刷。
2、墙体砌筑时，墙底部（包括埋入土层的墙体）应先砌实心灰砂砖，高度至室内地面以上不小于200，宽度同墙厚。
3、蒸压加气混凝土砌块的砌筑方法及门窗洞口处理详《蒸压加气混凝土砌块、板材构造》13J104。墙体砌筑采用砌筑砂浆强度等级详《墙体材料应用统一技术规范》GB50574-2010及结施说明。所有墙体定位除图纸注明外均逢轴线中或平外梁、柱边砌筑。
4、除特别注明外，所有墙体应砌筑到顶，上部与梁板连接处应采用灰砂砖或配砖斜砌顶紧，不得留空。
5、凡不同墙体材料连接处，墙面开孔、剔槽的填补、墙体易开裂的薄弱部位（窗口上下45角）、经常受碰撞易于损坏的部位（墙体的阳角）等，均应加抹2-3道水泥砂浆加强，并随即压入耐碱玻纤网格布一层做抗裂增强处理，其中不同墙体材料连接处各边压入宽度不小于150，要求铺平，不得有折皱，深度以见网不见色为标准，再做抹灰层。
6、楼梯间和人流通道的填充墙应采用钢丝网水泥砂浆面层加强，详13J104第A42页。

【监督依据】

该问题不符合《砌体结构工程施工质量验收规范》（GB 50203—2011）第3.0.1条的规定："砌体结构工程所用的材料应有产品合格证书、产品性能型式检验报告，质量应符合国家现行有关标准的要求。块体、水泥、钢筋、外加剂尚应有材料主要性能的进场复验报告，并应符合设计要求。"

【案例评析】

1. 该问题反映出施工单位对砌筑材料的验收重视程度不够，进场验收不及时，未按照施工方案中的材料规定进行现场验收工作。

2. 监理单位在材料进场验收过程中未履行监理责任，对进场材料失察，对于未提供合格证明材料的情况没有提出整改要求。

【问题处置】

1. 工程质量监督机构对该问题施工单位下达《建设工程质量问题整改通知书》，责令限期整改。

2. 施工单位对于未能提供检测复验报告的材料停止使用，重新组织复验工作，合格后报监理单位审核，符合要求后允许进行后续施工工作，在今后的施工工作中，要加强砌体材料进场的质量控制，做好技术交底。

3. 监理单位对专业监理工程师进行批评教育，提高监理工程师的责任心，对进场材料严格控制，把好材料进场关。

【经验教训】

1. 在砌体结构工程中，采用不合格的材料不可能建造出符合质量要求的工程，材料进场关必须把住，因原材料质量出现问题导致工程事故的情况比比皆是，因此必须把好原材料进场关。

2. 砌体结构工程施工必须重视原材料进场验收，相关技术、质量人员在现场检查时，要观察结构实体采用了哪些砌筑材料，同时结合图纸及验收文件，检查相关材料进场验收程序是否符合要求，验收资料是否符合规范要求。

案例 44　砌体工程过期水泥未进行重新复试问题

【问题描述】

2021 年 7 月，江苏省滨海县某项目。质量监督工程师在对变电所砌体结构巡视检查过程中，发现现场使用水泥原材料出厂时间超过 3 个月未重新复试。

【监督依据】

该问题不符合《砌体结构工程施工质量验收规范》（GB 50203—2011）第 4.0.1 条的规定："水泥使用应符合下列规定：……2　当在使用中对水泥质量有怀疑或水泥出厂超过三个月（快硬硅酸盐水泥超过一个月）时，应复查试验，并按复验结果使用。"

【案例评析】

1. 该问题反映出施工单位对原材料的管理重视程度不高，对现场存放的材料检查不够，检试验制度执行不到位。水泥作为重要的建筑材料，储存和使用均应检查。

2. 监理单位巡视工作不到位，未发现原材料储存过期的问题，也没有对此问题提出整改要求。

【问题处置】

1. 工程质量监督机构对该问题施工单位下达《建设工程质量问题整改通知书》，责令限期整改。

2. 施工单位对现场水泥封存，重新进行抽样送检工作，经检测合格后报监理审批，方可进行使用。要求施工单位在今后的施工中加强原材料管理的质量控制。

3. 监理单位加强现场的巡视工作，增强责任心，对现场的材料认真检查，对发现的问题及时提出整改要求。

【经验教训】

1. 水泥的强度及安定性是判断水泥质量是否合格的两项主要技术指标，水泥储存时间会影响到水泥的质量，因此即使水泥外观无异常也需要进一步检测方能判断是否达到合格要求。

2. 砌筑作业对于主要原材料水泥的质量要求比较高，相关技术质量人员在现场检查时，要观察水泥外包装、出厂日期、牌号、强度标识等主要内容，同时要检查相关材料进场验收程序是否符合要求，验收资料是否符合规范要求。

案例 45　砌筑工程顶部未斜砌

【问题描述】

2021 年 3 月，浙江省宁波市大榭开发区某项目。质量监督工程师在对该聚丙烯装置机柜间砌体工程检查中，发现个别填充墙顶端施工不符合填充墙封顶的块材应在墙体砌筑完成 14 天后斜砌的要求。

【监督依据】

该问题不符合《砌体结构工程施工质量验收规范》（GB 50203—2011）第 9.1.9 条的规定："填充墙砌体砌筑，应待承重主体结构检验批验收合格后进行。填充墙与承重主体结构间的空（缝）隙部位施工，应在填充墙砌筑 14 d 后进行。"

【案例评析】

1. 该问题反映出施工单位对砌体工程施工质量的重视程度不高，未严格按照批复的施工方案进行施工，技术交底不到位，未对砌体质量进行控制，影响砌体质量。

2. 监理单位未履行检查责任，未按照相关规范和方案进行检查，在巡视过程中未发现问题或对发现的问题未及时提出整改要求。

【问题处置】

1. 工程质量监督机构对该问题施工单位下达《建设工程质量问题整改通知书》，责令限期整改。

2. 施工单位对该部分墙体上部进行拆除，严格按照质量验收规范进行整改，并要求在今后的施工中加强砌体结构施工的质量控制，做好技术交底，对重点部位加强管理，增强质量意识。

3. 监理单位对专业监理工程师加强批评教育，提高责任意识，加强现场的监督检查，对发现的问题及时提出整改要求。

【经验教训】

1. 砌体结构目前存在很多质量通病，比如裂缝、变形、沉降等，砌体施工工艺的执行是影响砌体质量的重要因素，规范的基本要求执行到位是砌体质量保证的主要措施。

2. 砌体结构施工必须执行规范要求的施工质量，相关技术、质量人员在现场检查时，除检查灰缝饱满、砌筑质量外，还要检查砌体结构与框架结构之间的处理是否符合规范要求。

第三章

钢结构工程案例

案例 1　钢结构高强度螺栓抗滑移面与设计不符

【问题描述】

2020 年 9 月，天津市滨海新区某基地项目。质量监督工程师对钢结构厂房屋面梁检查时，发现如下问题：

1. 部分高强度螺栓连接摩擦面状态为喷砂后生赤锈，个别摩擦面涂刷了中间漆。

2. 抗滑移面复检报告中摩擦面状态为喷砂，设计文件要求处理状态为喷砂处理。

3. 提供 M20 高强度螺栓抗滑移报告的为钢结构制造单位，施工单位对进场材料未按规范要求进行摩擦面抗滑移送检复测。

【监督依据】

上述问题不符合《钢结构工程施工质量验收标准》（GB 50205—2020）第6.3.1条“钢结构制作和安装单位应分别进行高强度螺栓连接摩擦面（含涂层摩擦面）的抗滑移系数试验和复验，现场处理的构建摩擦面应单独进行摩擦面抗滑移系数试验，其结果应符合设计要求”的规定。

【案例评析】

1. 施工单位对钢构件高强度螺栓连接摩擦面保护不到位，存在生赤锈、涂刷油漆现象，进场检查程序未正确履行，监理单位对材料进场验收把关不严，执行设计要求不到位。

2. 高强度螺栓连接摩擦面抗滑移系数是高强度螺栓连接的主要设计参数之一，直接影响构件的承载力，因此构件的摩擦面无论从制作厂处理还是现场处理，均应对抗滑移系数进行测试，测得的抗滑移系数最小值应满足设计要求。

3. 由于抗滑移系数的检验通过试件模拟测定，为使试件真实反映构件实际情况，规定构件与试件为相同条件，即与代表的构件同一材质、同一摩擦面处理工艺、同批制作、使用同一性能等级的高强度螺栓连接副，在同一环境下存放。

【问题处置】

1. 工程质量监督机构对该问题施工单位和监理单位下达《建设工程质量问题整改通知书》，责令限期整改。

2. 责令施工单位制定整改方案，对于现场抗滑移摩擦面不符合的进行及时处理，整改合格后重新进行复验；要求施工单位严格履行材料进场自检程序，保证高强度螺栓摩擦连接面质量符合设计要求，监理单位应加强验收履职，确保钢结构重要部位进场质量可控。

【经验教训】

1. 石油化工钢结构高强度螺栓连接是较为常用的一种连接方式，高强度螺栓连接副、抗滑移摩擦面质量是钢结构安装稳定可靠的关键因素。

2. 需要特别指出的是：设计要求的抗滑移系数一般大于0.3，很多工程送检的试件抗滑移系数报告均满足设计要求，现场实际存放的构件摩擦面处理方式各式各样，若不能同条件存放，可能现场摩擦面系数低于设计要求，留下构件安装质量隐患。

3. 监督人员对钢结构检查中若发现此类情况，必须责令相关单位整改并对处理后的摩擦面重新进行检测，加强对高强度螺栓抗滑移报告和复验报告的检查。

案例2 钢结构焊接节点形式错误

【问题描述】

2020年9月，天津市滨海新区某基地项目。质量监督工程师对钢结构制造厂吊车梁制造检查时发现，部分吊车梁的对接焊缝位于梁中央部位，上下翼缘板拼接焊缝未错开200 mm以上，焊接拼接位置违反设计文件规定。

【监督依据】

以上问题不符合设计文件《钢结构设计一般说明》中“吊车梁上下翼缘板在跨中三分之一跨长范围内应避免拼接，对接焊缝不应设在同一平面上，应相互错开200 mm以上，且拼接后吊车梁不应下挠”的规定。

【案例评析】

1. 该吊车梁为施工单位外委的结构厂家进行车间加工，车间未见质量管理和产品检验痕迹，且存在焊剂不按要求烘烤、整袋焊剂堆放在车间埋弧焊机处“随用随取”的情况，反映出该厂家车间质量管理不严格，车间质量管理体系未得到有效运行。

2. 驻厂监理单位人员对车间钢结构制造过程质量未有效监管，建设单位质量人员管控不到位，未能对关键质量进行验收把关。

【问题处置】

1. 工程质量监督机构对该问题施工单位和监理单位下达《建设工程质量问题整改通知书》，责令限期整改。

2. 要求钢结构厂家针对该问题制定有效整改措施，应严格控制钢结构车间焊接质量，同时对钢结构拼接、组对和焊后尺寸应严格自检，尤其是对重要对接焊缝焊接工艺执行、节点形式、焊后变形要严加控制，对吊车梁的挠度采取焊前预变形控制、焊后尺寸测量复核等手段。

3. 对重要焊缝必要时加大检测比例，保证焊缝最终质量，增加质量管理人员，保证车间质量管理体系有效运行；同时要求驻厂监理单位人员加强过程履职，对车间钢结构制造过程质量进行有效监管，要求建设单位增加专业质量人员进行钢结构质量的管控，确保钢构件产品质量合格。

【经验教训】

1. 石油化工工程项目中，各方主观上对钢结构安装存在一定程度认知误区，常常主观认为钢结构焊接安装与设备、管道相比重要程度相对较弱，主观质量管理意识薄弱。

2. 目前项目中普遍存在施工工期紧、供货周期短等现象，且在原材料采购、设备采购中只重视供货时间，忽视产品制作过程的质量管控，往往现场到货后，发现存在各种的质量缺陷、现场无法修复时再进行退场处理，严重时影响了项目进度。

3. 应压实采购方的质量责任，本着谁采购谁负责，严格执行采购合同技术协议，确保产品过程质量和供货质量，对于此类情况，工程质量监督人员应做好项目前期监督交底宣贯，为项目质量打好预防针。

案例 3　已安装钢结构未进场报验

【问题描述】

2021 年 6 月，浙江省宁波市北仑区某石油化工项目。质量监督工程师抽查某装置钢结构进场报验资料，发现施工单位未向监理单位进行报验，现场钢结构已安装完毕，且存在如下问题：

1. 未提供经设计单位确认的钢结构制造厂家设计的施工详图。

2. 厚度为 40 mm 和 55 mm 的钢板质量证明文件中缺少 Z 向性能指标。

3. 厚度为 40 mm 和 55 mm 的钢板未按设计要求进行复验。

4. 规格型号为 700×700×32×40 等焊接的钢柱未按照设计文件要求进行相关组焊前原材料的复验及半成品的出厂前检验。

【监督依据】

问题 1 不符合《钢结构工程施工规范》（GB 50755—2012）第 4.4.1 条的要求："钢结构施工详图应根据结构设计文件和有关技术文件进行编制，并应经原设计单位确认；当需要进行节点设计时，节点设计文件也应经原设计单位确认。"

问题 2 不符合设计文件《结构施工图说明》（121900CV-DP01-0002）第

5.7.1.8 条的要求："焊接节点，当截面板件厚度≥40 mm 时，该部分的钢材应按照《厚度方向性能钢板》GB 5313 的规定，Z 向性能等级 Z15 级。焊接构件，当所用板材厚度≥40 mm 时，其板材应符合《高层建筑钢结构用钢板》YB4104 标准的 Q235GJZ 或 Q345GJZ，Z 向性能等级 Z15 级。"

问题 3 不符合《钢结构工程施工规范》(GB 50755—2012) 第 5.2.3 条的要求："对属于下列情况之一的钢材，应进行抽样复验：……3. 板厚等于或大于 40 mm，且设计有 Z 向性能要求的厚板。"

问题 4 不符合《钢结构工程施工质量验收规范》(GB 50205—2001) 第 4.2.2 条的要求："对属于下列情况之一的钢材，应进行抽样复验，其复验结果应符合现行国家产品标准和设计要求：……3. 板厚等于或大于 40mm，且设计有 Z 向性能要求的厚板；……"

【案例评析】

1. 施工单位知道进场的钢结构存在较多问题，为了避免耽误工期，在未向监理单位报验且未经监理单位验收合格的情况下，擅自进行钢结构安装。

2. 监理单位对施工单位未及时报验的情况没有采取管控措施。

【问题处置】

1. 工程质量监督机构对该问题施工单位下达《建设工程质量问题整改通知书》，责令限期整改。

2. 要求施工单位严格按照设计文件和规范要求进行相关的检验、复验。

3. 监理单位对问题整改情况进行检查、复核。

【经验教训】

1. 工程项目中经常会出现工程报验程序履行与实体进度不同步的情况，造成工程实体已经完成，而没有相关检/试验资料，只能进行后续验证性复验，因此应加强钢结构进场验收环节的管理。

2. 监督人员检查钢结构工程时，应重点抽查进场验收的相关程序履行和资料报验情况。

案例 4 储罐罐顶钢结构高强度螺栓缺少垫圈

【问题描述】

2021 年 6 月，浙江省宁波市北仑区某液化天然气项目。质量监督工程师在监督抽查时发现储罐罐顶钢结构已完成终拧的绝大多数大六角头高强度螺栓，螺栓头一侧均缺少垫圈。

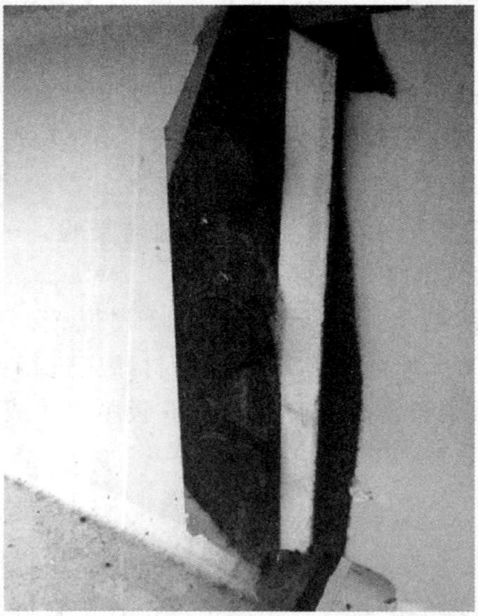

【监督依据】

该问题不符合《钢结构工程施工规范》（GB 50755—2012）第 7.4.1 条“高强度大六角头螺栓连接副应由一个螺栓、一个螺母和两个垫圈组成……”及《钢结构高强度螺栓连接技术规程》（JGJ 82—2011）第 6.1.1 条“大六角头高强度螺栓连接副由一个螺栓、一个螺母和两个垫圈组成……”的要求。

【案例评析】

1. 施工单位明知高强度螺栓的相关安装技术要求，但为图省事采取减少垫圈安装的做法，存在偷工减料的行为。

2. 监理单位未按照规范要求进行检查验收。

【问题处置】

1. 工程质量监督机构对该问题施工单位下达《建设工程质量问题整改通知书》，责令限期整改。

2. 施工单位制定整改措施，经监理单位审查后实施，整改结果由监理单位负责检查复核。

【经验教训】

1. “高强度大六角头螺栓连接副应由一个螺栓、一个螺母和两个垫圈组成”是规范明确要求的，操作时应配置齐全，不能为了施工方便而随意减少配件。

2. 监督人员在对高强度螺栓安装质量检查时，应注意检查高强度螺栓副是否齐全。

案例5 设备配套钢结构安装质量问题

【问题描述】

2021年10月，浙江省宁波市大榭开发区某石油化工项目。质量监督工程师对塔类设备安装进行检查，在检查歧化汽提塔结构及设备施工过程中，发现回流罐结构框架多处柱间支撑上部节点未按设计和规定图集要求进行连接。结构斜撑上翼缘板由于预制下料尺寸短，施工人员现场安装时用钢板拼接，且该处连接焊缝未焊满，焊接外观成型不良。

【监督依据】

该设备附属钢结构问题不符合设计图纸要求和《钢结构工程施工质量验收规范》（GB 50205—2020）第8.2.2条“翼缘板拼接长度不应小于2倍翼缘板宽且不应小于600 mm”的规定。

【案例评析】

1. 赶进度，轻质量：该设备配套的钢结构预制件为设备厂家配套供货，现场该批次斜撑的预制尺寸偏小，施工安装单位人员为了追求进度，在未经总包及监理同意的情况下，直接在斜撑与结构柱的焊接位置利用现场钢板余料（材料未知）进行拼接，拼接焊缝未焊满，成形差。该处焊缝为结构受力位置，斜撑为固定铰支撑，如若不及时整改，将影响该节点稳定性。

2. 关键节点验收流于形式：验收现场钢结构已经安装完成，设备已经安装完毕。该处钢结构安装已通过总包、施工、监理验收。三方对关键节点质量疏于控制，现场施工人员及技术人员质量责任意识差，未将钢结构预制构件尺寸问题向总包及监理单位澄清，也未见相关变更文件，擅自进行违规拼接。

【问题处置】

1. 设备配套钢结构预制件由设备厂家供货，预制结构件尺寸问题应及时反馈给厂家，并形成书面记录。

2. 施工单位应严格执行设计要求和施工验收规范要求进行施工；施工管理人员应对施工人员的违规行为进行处罚。

【经验教训】

对于设备及配套设施安装，焊接同样是十分重要的环节之一，直接影响到石油化工装置及石油化工工艺的安全，影响到石油设备安装的整体工程质量，在实际施工时需要针对焊接工艺做到以下几点，尽可能避免由于焊接环节问题而导致的结构失稳风险：

1. 明确在开展焊接过程中的基本操作流程，按照我国的焊接相关标准规范进行操作，既保证焊接工艺的流程流畅，同时也能够要求所有与该工艺相关、该项目相关的操作人员，其自身的操作步骤得到监督，一旦发现焊接人员在实际操作步骤中出现问题，需要进一步进行解决，使得焊接工艺能够与实际施工标准相符。

2. 在每一次完成焊口焊接之后，都需要及时地检查焊口自身的质量，并且对焊口的质量进行专业的评估与检测，确保焊口本身达到标准后才能投入使用。如果焊口难以达到我国所制定的相关标准要求，需要进一步对焊口进行加工设计，确保焊口达标，才可以进行后续工作。

案例 6　土建及钢结构施工与设备安装施工交接面质量问题

【问题描述】

2021 年 12 月，天津市滨海新区南港工业区某新能源新材料项目。质量监督工程师在对反应釜类设备安装检查过程中发现，土建施工队伍未按规范施工，设备安装队伍未按照程序进行基础交安即开展设备安装施工，监理单位设备安装监管失职。部分施工已影响上部设备的结构安全，如下图所示，设备框架斜梁与结构预埋板连接，由于预埋板位置与设备斜梁位置存在安装偏差，在未进行任何调整也未咨询设计单位的情况下对斜梁进行焊接施工和结构梁热切割，每个结构斜梁位置均存在不同程度的热切割改造情况，严重影响设备框架结构的安全使用。

【监督依据】

该设备配套框架结构焊接质量不符合设计图纸要求。

【案例评析】

1. 土建和设备安装为两家施工单位，在交接作业面位置发生的施工干涉，存在推诿扯皮和不配合问题。需要建设和监理单位协调两家单位，做好设备安装与土建施工交接作业面施工协调工作。

2. 设备安装单位发现土建施工预埋板与设备方位尺寸有问题，未及时上报监理单位，设计也不知晓现场实际安装情况，在此情况下，施工单位擅自改变结构，现场管理人员责任心缺失，监理单位监管失职。

【问题处置】

1. 立即拆除现有结构进行重新安装，预埋板方位不对的，增加结构预埋件。

2. 全场对相同结构位置进行复检，确保不出现影响设备结构安全的质量问题。

【经验教训】

本案例凸显项目管理人员对设备安装不够重视，没有严格依据设计要求进行施工，从而引发安装失误，影响设备作业质量，带来了极大的负面影响。及时、高效完成设备安装工作，需要构建一套完整的管理体系。通过加大管理力度，落实监督细节，确保各项工作有序地开展。在进行安装施工前，充分考虑环施工环境、操作方法等因素，合理科学地设计安装施工计划，做好上下衔接工作。同时，也要让安装人员了解计划目标和操作内容，从而为设备安装工作做充足的准备。除此之外，作为设备安装质量管理人员，责任心很重要，要坚守质量底线，绝不能出现影响结构安全和影响使用功能的质量问题。

案例 7　设备钢结构厂房安装问题

【问题描述】

1. 2022 年 7 月，广东省惠州市大亚湾区某石油化工项目。质量监督工程师在对压缩机二层框架钢结构安装检查过程中，发现共计 13 处钢梁与基础预埋板中心（横向）偏离严重，最大超过 300 mm，导致现场无法按照设计要求进行焊接，施工单位通过拼接板搭接焊方式将钢梁与预埋板进行连接，该施工做法未通过设计确认，存在结构安全隐患。

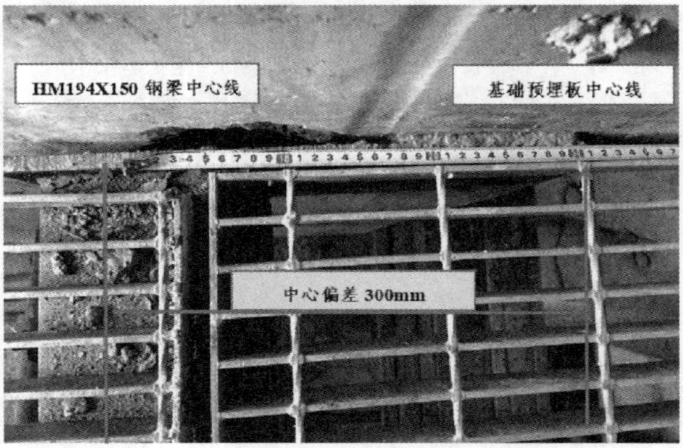

2. 共计 36 处钢梁标高与预埋板标高不一致，二层检维修平台结构梁设计标高为▽3.96 m，部分预埋板标高为▽3.816 m，结构梁中心与预埋板中心（纵向）理论偏差 144 mm，现场实测一处为 200 mm，且检查过程中未发现有补强措施。

3. 因预埋件位置施工留错，现场采取拼接板焊接方法连接，检查发现共计 8 处拼接板焊道只完成单边焊接，2 处结构梁焊接未按设计要求满焊。

【监督依据】

该设备配套钢结构预埋板未按设计图纸施工，同时预埋板偏差不符合《石油化工钢结构工程施工质量验收规范》（SH/T 3507—2011）第 8.2 条“预埋件允许偏差 3 mm”的规定。

【案例评析】

1. 施工单位土建预埋板未按图施工。检查发现，13 处预埋板（预埋板号 M3-227、M3-236、M3-118）在土建施工预留阶段留错位置。预埋板未按照图纸施工，中心偏差最大 300 mm，多数中心偏差 150 mm，严重超过了《石油化工钢结构工程施工质量验收规范》要求的预埋件允许偏差 3 mm，且现场发现一处钢梁水平位置偏差 100 mm。

2. 设计图纸存在矛盾，施工单位未及时落实设计变更。现场检查发现共计 36 处钢梁标高与预埋件标高不一致，经查设计文件两者标高不一致，设计图纸不严谨。针对上述问题，设计单位于 2021 年 12 月出具设计变更意见，施工单位直至 2022 年 7 月检查仍未参照设计变更意见对该 36 处钢结构进行结构补强。

3. 监理单位人员监管缺失。监理单位对再生气体循环压缩机厂房基础及钢结构施工过程缺乏有效质量监管。存在缺少专职的钢结构监理工程师、现场兼职的工程师能力不满足日常监理工作需求等情况。

检查 2021 年、2022 年广东国信监理单位监理月报、监理日志、监理通知单及回复，未见再生气体循环压缩机厂房基础垫板和钢结构安装问题监理通知单形成。检查过程资料，再生气体压缩机厂房基础于 2021 年 11 月 18 日进行了工序交接验收，但检查钢结构专业监理日志发现当天未有基础验收记录，日志显示当天基础尚在施工阶段。

【问题处置】

1. 立即对结构梁与预埋板顶标高存在设计冲突的位置按照设计变更进行结构加强。

2. 建议惠州石化公司加强对监理单位的监管。配齐专业监理工程师，对专业能力低、责任心差的监理人员予以更换，充分发挥监理工程师的专业能力，为项目严把质量关。

【经验教训】

本案例显示出土建、钢结构安装、设备安装工序交接过程是质量薄弱点，也是监督检查重点。本案例施工、监理单位缺少有效过程管控，工序交接管理流于形式。建设、监理、设计、施工单位应按照正常变更程序处理，并做好施工前技术交底，严控施工纪律。监督人员应加强基础交安验收检查工作。重点检查施工过程是否严格落实三检制度，是否强化工序交接验收。

第四章

设备安装工程案例

案例 1　储罐壁板与罐顶网架节点处焊接成型质量问题

【问题描述】

2021 年 9 月 2 日，广东省惠州市大亚湾区某石油化工项目。质量监督工程师在对储罐安装工程检查过程中发现，罐壁板与罐顶网架节点处，部分焊接余高不足，存在未焊满、咬边、损伤母材和焊瘤，以及一处漏焊缺焊等质量问题。焊接质量问题多发生在仰焊位置，施工单位对罐顶节点位置焊接质量控制不到位，监理单位对容易产生质量问题的位置关注度不足。

【监督依据】

该问题不符合《立式圆筒形钢制焊接储罐施工规范》(GB 50128—2014)中第7.1.2条的规定:"焊缝表面质量应符合下列规定:1. 焊缝表面及热影响区,不得有裂纹、气孔、夹渣、弧坑和未焊满等缺陷……"

【案例评析】

1. 焊接电流过大、施焊速度过快是造成仰焊位置外观质量缺陷的直接原因。

2. 焊工责任意识差,施工单位对节点处仰焊焊接质量控制不到位。

3. 监理单位对节点处的焊接质量重视程度不足,现场质量监管关键节点控制不到位,对存在的外观质量问题如未及时处理,随着施工进入下一圈壁板焊接,该质量问题将被遗留,造成质量隐患未处理,焊接质量存在失控的风险。

【问题处置】

1. 工程质量监督机构对该问题施工单位下达《建设工程质量问题整改通知书》,责令限期整改。

2. 要求施工单位对焊接过程应严格把关,确保现场焊接工艺纪律执行,增强焊工责任意识,提高焊工技术水平,加强现场质量管理是确保焊接质量处于可控的关键措施和手段。

3. 施工单位应对焊工重新组织焊接工艺交底和技能培训,合格后再上岗,并举一反三,对项目中的储罐工程焊接外观质量进行全面自查。

4. 监理单位认真履责,对已焊接完成焊缝进行全面检查,核查现场焊接工艺纪律执行情况,分析问题产生的原因,杜绝此类问题再次发生,并对现场焊接质量问题整改情况进行检查、复核,按照规范要求组织验收。

【经验教训】

1. 罐壁板与罐顶网架节点处焊接质量影响节点位置结构强度,问题不及时处理会产生质量安全隐患。

2. 监督人员在监督过程中应重点关注储罐工程关键节点和重点部位的焊接质量。

案例2 液化天然气储罐壁板焊接质量问题

【问题描述】

2019年10月,河北省唐山市某石油天然气项目。质量监督工程师在对液化天然气储罐焊接工程进行检查过程中,发现该项目3号罐壁板纵向焊接接头余高过高,实测值为5 mm,母材处存在电弧擦伤。

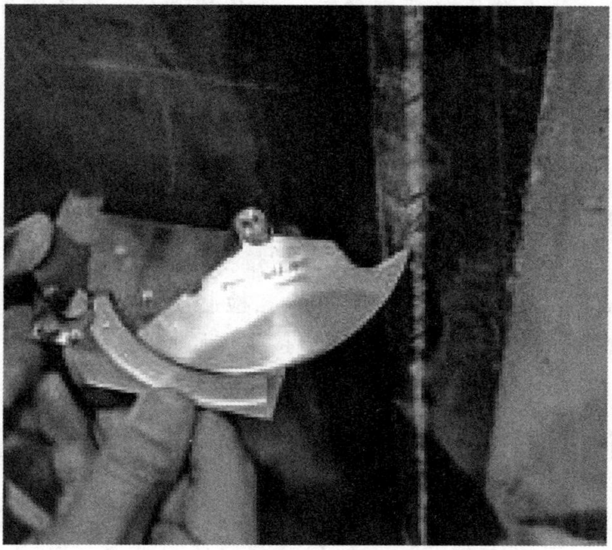

【监督依据】

该问题不符合《立式圆筒形低温储罐施工技术规程》（SH/T 3537—2009）中第 15.1.1 条："应将熔渣、飞溅物清除干净后进行外观质量检查。"第 15.1.2 条："焊接接头外观质量应符合表 12 规定，不得有裂纹、气孔、夹渣、弧坑和未焊满等缺陷。"第 13.4.2 条："焊件表面不得有电弧擦伤。不得在焊件表面引弧、熄弧。"表 12 中纵向焊接接头板厚大于 12 mm 时，不允许余高大于 3 mm；纵向焊接接头板厚小于等于 12 mm 时，不允许余高大于 2 mm。

【案例评析】

1. 施工单位焊接外观质量检查过程管理不到位，焊缝熔渣未清除干净，外观质量检查结果存疑。

2. 余高控制应严格按照标准规范执行，未处理的余高将会留下质量隐患，焊接过程和焊后检验过程应严格按照项目质量管理要求进行。

3. 现场焊工焊接纪律执行不严格，随意在母材引弧。

4. 监理单位对现场质量管理不到位，焊接接头外观质量检查不到位，发现问题未及时处理。

【问题处置】

1. 工程质量监督机构对该问题施工单位下达《建设工程质量问题整改通知书》，责令限期整改。

2. 针对焊接接头外观质量问题，要求施工单位对已施焊的焊接接头进行自查，并组织焊接人员重新进行技术交底，要求焊接人员严格按焊接工艺要求施焊，确保焊接质量。

3. 监理单位对施工单位整改和自查情况进行跟踪处理，并将跟踪处理结果提交建设单位。

【经验教训】

1. 焊接外观质量控制难度不大，但各责任主体往往重视程度不足，增强质量责任意识是质量管理提升的关键，也是质量控制的根本。

2. 督促施工单位加强自身管理，确保三检制度有效运行，敦促专业监理人员提升专业监管能力和责任意识，保证焊接实体质量受控。

案例3　液化天然气储罐穹顶预制结构件焊接质量问题

【问题描述】

2021年8月，天津市某石油天然气项目。质量监督工程师在巡监过程中，发现该项目某储罐穹顶预制结构件焊接部分焊口焊接外观质量较差，存在未焊满、气孔和夹渣等质量缺陷，部分焊口存在咬边，且深度大于0.5 mm，需进行修补处理。

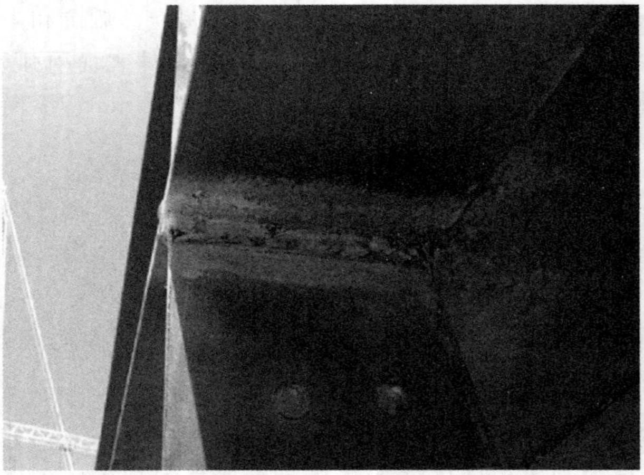

【监督依据】

该问题不符合《立式圆筒形低温储罐施工技术规程》（SH/T 3537—2009）中第15.1.2条的规定："焊接接头外观质量应符合表12规定，不得有裂纹、气孔、夹渣、弧坑和未焊满等缺陷，低温钢不允许存在咬边，非低温钢咬边不允许大于0.5 mm。"

【案例评析】

1. 施工单位为了追赶进度，焊接工艺纪律执行不严格，焊接过程质量控制不到位，特别是仰焊位置，存在未焊满和夹渣等质量缺陷，质量管理人员存在未履职尽责现象，致使质量问题在无损检测前后未进行处理。

2. 专业监理工程师履职不到位，未在巡视过程中发现该质量问题。

【问题处置】

1. 工程质量监督机构对该问题施工单位下达《建设工程质量问题整改通知书》，责令限期整改。

2. 针对该问题，要求责任单位对该焊工已焊接的所有焊缝进行追溯检查。

3. 要求监理单位跟踪整改，应切实做好现场监管，对容易产生质量缺陷的位置加强质量管理。

【经验教训】

1. 储罐穹顶预制结构件作为储罐穹顶的组成部分，其焊接质量问题将严重影响结构强度，对储罐的整体质量也将产生巨大影响，现场质量管控人员要引起足够的重视。

2. 监督人员在现场检查过程中，对影响结构安全和重要使用功能的部位，要加强监管力度，特别是穹顶结构件的焊接质量要严格把关。

案例 4　液化天然气储罐铝吊顶无损检测质量问题

【问题描述】

2021 年 11 月，天津市某石油天然气项目。质量监督工程师在对储罐铝吊顶安装监督检查中，发现 6# 储罐铝吊顶部分吊杆连接板的渗透检测，存在底部角焊缝漏检、部分焊缝仅喷涂显像剂的问题。

【监督依据】

该问题不符合设计要求和检测工艺要求。

【案例评析】

1. 无损检测人员在现场进行无损检测时，未提前了解设计要求，对检测工艺文件不熟悉，现场开展检测过程也没有和检测委托方进行核对，造成现场出现漏检现象。

2. 监理单位现场监理工程师监管不到位，对设计要求理解不透彻，现场无损检测质量管理混乱，责任落实不明确是造成漏检的本质原因。

3. 无损检测人员责任心不强，未严格执行检测工艺的要求，存在偷工减料的行为。

【问题处置】

1. 工程质量监督机构对该问题施工单位下达《建设工程质量问题整改通知书》，责令限期整改。

2. 针对该问题，要求责任单位对漏检焊缝进行全面排查，做到应检尽检，对恶意不按检测工艺要求执行的检测人员予以更换处理，并对现场检测人员进行技术交底，严格按照委托单和检测工艺文件实施现场检测工作。

3. 要求监理单位现场监理工程师严格履职，熟悉设计文件要求，掌握委托任务要求，加强无损检测过程检查。

【经验教训】

表面渗透无损检测由于其不可记录的特点，现场的质量管理尤为重要，无损检测人员检测工艺执行纪律是检测结果的基础，监理单位现场监管是抓手，无损检测过程控制不到位将会产生检测结果真实性、有效性缺失，产生巨大质量隐患。

案例 5 储罐盘梯设计文件不符合设计规范要求

【问题描述】

2019 年 5 月，广东省惠州市大亚湾区某石油化工项目。质量监督工程师在抽查时，发现某储罐盘梯内侧未设置栏杆，与罐壁板实测间距为 200 mm。后经查为设计文件不规范导致。

【监督依据】

该问题不符合《立式圆筒形钢制焊接油罐设计规范》（GB 50341—2014）第10.10.1条第6款“盘梯外侧必须设置栏杆，当盘梯内侧与罐壁的距离大于150 mm时，内侧也必须设置栏杆”的规定。

【案例评析】

1. 设计人员对设计规范不熟悉、不了解。

2. 施工单位缺少有经验的施工人员，未向设计单位提出合理建议和要求。

3. 监理人员水平参差不齐，未发现类似问题。

【问题处置】

1. 监督人员查阅设计图纸后，确认是设计单位责任，对设计单位下达《建设工程质量问题整改通知书》，要求设计单位按规范相关要求整改。

2. 设计单位出具变更通知后施工单位按要求重新施工。

【经验教训】

1. 石化储罐项目常存在盘梯内侧扶手与罐壁间距过大的情况，究其原因是设计人员或施工人员对标准规范不熟悉，应加强对法律法规、标准规范的学习。

2. 监督人员对储罐附属构件检查时，应重点关注盘梯安装质量。

案例6　储罐罐壁补强板未设置信号孔

【问题描述】

2016年9月，广东省惠州市大亚湾区某石油化工项目。质量监督工程师在抽查时，发现某储罐即将进行充水试验，罐壁人孔补强圈由三段拼接而成，三块补强板均未设置信号孔。

【监督依据】

该问题不符合《立式圆筒形钢制焊接储罐施工规范》（GB 50128—2014）第4.6.4条第4款的规定："补强板应有信号孔。整块钢板制造的补强板应有一个信号孔；拼接的补强板，每一拼接段上应有1个信号孔。信号孔宜为M6—M10，位于开孔水平中心线上的螺孔。"

【案例评析】

1. 施工人员不了解设计文件和规范要求，随意施工，现场质量管理失控。
2. 现场监理人员未按照储罐充水条件进行确认，未提出质量整改要求。

【问题处置】

1. 工程质量监督机构对该问题施工单位下达《建设工程质量问题整改通知书》，责令限期整改。
2. 要求施工单位严格按照规范要求进行整改。
3. 监理单位对问题整改情况进行检查、复核。

【经验教训】

1. 石化储罐项目常存在补强板拼接未设置信号孔的情况，究其原因是监理人员和施工人员对标准规范不重视，应加强对法律法规、标准规范的学习；并加强施工单位三检和监理单位的检查验收。
2. 监督人员对储罐附属构件检查时，应重点关注开孔补强板的安装质量。

案例 7　储罐焊缝间距不符合规范要求

【问题描述】

1. 2016 年 9 月，广东省惠州市大亚湾区某石油化工项目。质量监督工程师在监督抽查时，发现某拱顶储罐罐顶板焊缝存在交叉焊缝。

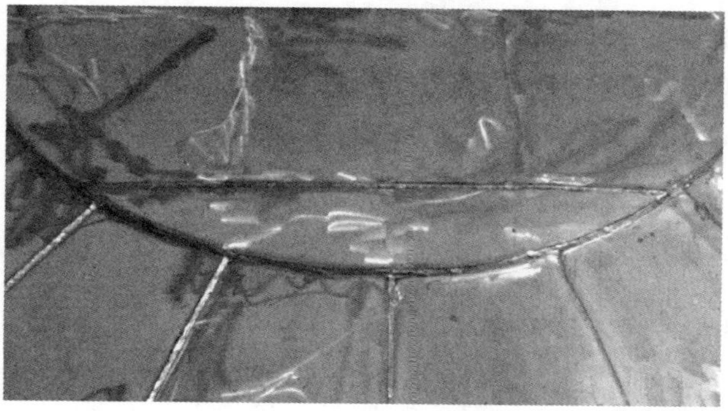

2. 2021 年 6 月，浙江省宁波市北仑区某石油化工项目。质量监督工程师在抽查时，发现某储罐承压环（包边角钢）对接焊缝与罐壁纵缝的间距为 180 mm。

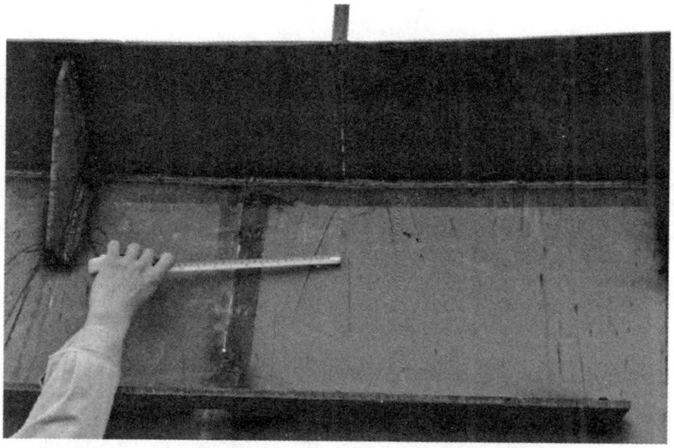

【监督依据】

问题 1 不符合《立式圆筒形钢制焊接储罐施工规范》（GB 50128—2014）第 4.5.1 条第 1 款“顶板任意相邻焊缝的间距，不应小于 200 mm”的规定。

问题 2 不符合《立式圆筒形钢制焊接储罐施工规范》（GB 50128—2014）第 4.2.1 条第 7 款“包边角钢对接接头与壁板纵向焊缝之间的距离，不应小于 300 mm”的规定；亦不符合施工单位已编制审批的《储罐施工方案》中的 5.5.4.1 条“包边角钢/锥板对接焊缝与壁板纵向焊缝之间的距离不应小于 200 mm”的规定。

【案例评析】

1. 施工人员不了解规范要求，施工随意，现场质量管理失控。

2. 现场监理人员未及时进行检查验收，未提出质量整改要求。

【问题处置】

1. 工程质量监督机构对该问题施工单位下达《建设工程质量问题整改通知书》，责令限期整改。

2. 要求施工单位严格按照规范要求进行整改。

3. 监理单位对问题整改情况进行检查、复核。

【经验教训】

1. 石化储罐项目常存在由于焊接板材加工下料及排板的问题考虑不周，造成焊缝交叉情况，但施工单位从自身利益的角度出发，不对焊缝交叉问题进行处理，焊缝交叉易产生应力集中和焊接缺陷。

2. 监督人员对储罐焊接质量检查时，应重点检查焊缝间距。

案例 8　储罐壁板开孔处未设置补强圈

【问题描述】

2015 年 6 月，河北省沧州市黄骅市某石油化工项目。某储罐即将进行单位工程验收，质量监督工程师抽查时，发现采样器开孔接管未设置补强板，查阅设计图纸发现设计无该开孔接管，经核实为建设单位私自要求施工单位增加该开孔。

【监督依据】

该问题不符合《立式圆筒形钢制焊接油罐设计规范》（GB 50341—2014）第 10.2.1 条“接管公称直径大于 50 mm 的开孔应补强”的规定。

【案例评析】

1. 建设单位在未经设计许可的情况下擅自要求施工单位开孔，是问题发生的主要原因。

2. 施工单位作业未严格按照规范要求进行开孔补强。

3. 监理单位对擅自开孔问题也未及时履行监理职责。

【问题处置】

1. 工程质量监督机构对该问题施工单位下达《建设工程质量问题整改通知书》，责令限期整改。

2. 要求设计单位出具书面变更文件后，施工单位严格按照要求进行整改。

3. 监理单位对问题整改情况进行检查、复核。

【经验教训】

1. 施工单位应坚持按有效的设计文件施工的原则。

2. 监理单位应履行验收程序，确保不遗漏每一验收环节。

3. 监督人员监督前应熟悉图纸，熟悉标准规范。

案例 9　机泵地脚螺栓所处预留孔中的位置不符合规范要求

【问题描述】

2021 年 6 月，浙江省宁波市北仑区某石油化工项目。质量监督工程师在检查时，发现某机泵地脚螺栓紧贴预留孔孔壁并已触底。

【监督依据】

该问题不符合《机械设备安装工程施工及验收通用规范》(GB 50231—2009)第4.1.1条第3款“安装预留孔中的地脚螺栓应符合下列要求——地脚螺栓任一部分与孔壁的间距不宜小于15 mm；地脚螺栓底端不应碰孔底”的规定。

【案例评析】

1. 土建专业基础预留洞的位置与设备底座的地脚螺栓位置不一致是问题的直接原因。

2. 土建专业设计参数与厂家提供的设备参数不一致是问题的间接原因。

3. 施工单位发现问题未采取处理措施，质量意识淡薄。

4. 监理单位对该问题未提出整改要求，监管职责缺失。

【问题处置】

1. 工程质量监督机构对该问题施工单位下达《建设工程质量问题整改通知书》，责令限期整改。

2. 施工单位制定整改措施，经监理单位审查合格后实施，整改结果由监理单位负责检查、复核。

【经验教训】

1. 设备基础设计时应提前收集设备的相关参数，避免土建基础施工时预留洞的位置与设备不匹配。

2. 现场应做好土建专业与安装专业的工序交接以及基础的复测。

3. 监督人员在现场检查时，发现类似问题后应及时提出整改要求，不应因问题小而忽略。

案例10 LNG储罐底板定位焊开裂

【问题描述】

2018年7月，浙江省宁波市北仑区某液化天然气项目。质量监督工程师对液化天然气储罐检查时，发现储罐底衬板、转角板定位焊缝存在多处开裂，现场未处理，焊工已开始施焊正式焊缝焊接，且罐底衬板、转角板存在多处焊疤、电弧擦伤，罐底衬板三向搭接部位组对未贴实的情况。

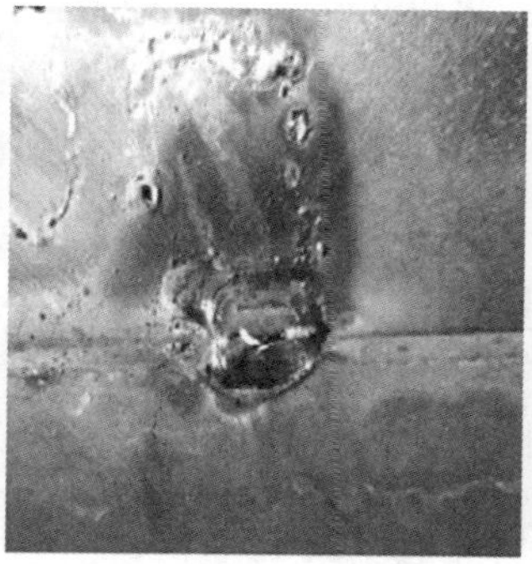
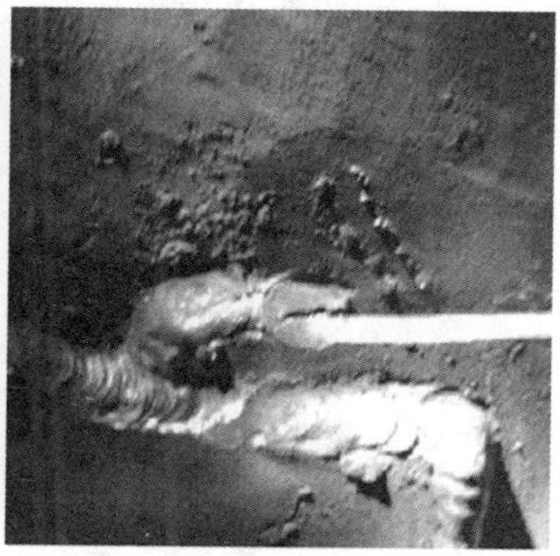

【监督依据】

上述问题不符合该项目焊接工艺规程、储罐焊接控制程序中“……定位焊焊接应与正式焊缝工艺一致、对于出现焊接缺陷应及时清除和三向搭接部位应贴实不得强硬组对”的规定。

【案例评析】

1. LNG 储罐防潮底板、二层底板定位焊尺寸不足、强力组对是造成定位开裂的直接原因。若定位焊开裂未能及时发现与清除，在熔入正式焊缝后会产生严重质量隐患，在焊接应力作用下极易沿根部向上开裂，易贯穿整个焊缝，将引起焊缝失效。

2. 经了解项目质量管理人员普遍主观认为，底板薄（5 mm）焊接工艺难度小，对于焊工技术能力要求不如 LNG 内罐严格，因此对该部位定位焊质量重视程度不足，且内罐焊接时光线较昏暗，不易发现存在的焊接质量缺陷。

3. 同时该项目暴露出：未履行质量三检制度，现场质量管理人员对焊接质量检查把关不严。焊接过程管理不到位，焊接工艺纪律执行和检查不到位，质量管理人员未发现或发现强力组对未及时制止，质量控制点把关不严。

4. 监理单位专业监理工程师质量监管存在疏漏、未按照质量检验与试验计划对该质量控制点进行严格检查。建设单位专业工程师对该质量控制点重视程度不足，现场管理巡查不到位。

【问题处置】

1. 工程质量监督机构对该问题施工单位和监理单位下达《建设工程质量问题整改通知书》，责令限期整改。

2. 责令责任单位制定整改方案，严格按照已审批施工方案要求的顺序开展组对工作，加强焊接工艺纪律执行，避免强力组对；要求监理单位焊接工程师履职尽责，加强焊接过程现场检查。

3. 针对衬里板焊接问题，建设单位组织监理单位总监、施工单位项目经理、技术负责人召开专题会，分析问题原因、制定整改措施，要求各方引起重视，同时分析现场管理原因，加强技术措施和质量保证措施，确保质量保证体系有效运行。

【经验教训】

1. LNG 储罐为储存液化天然气的装置，国内多为双壳型设计安装，储罐基础和外观钢混结构保证储罐的结构强度，罐体内部为－165 ℃的低温环境，对内罐焊接、安装保冷等提出严格质量要求。

2. 罐底衬板作为密封气相空间的主要结构，焊接质量须引起高度重视，若局部存在焊接质量问题，则在储罐内下部的低温空间内，在开裂处易引发 LNG 气体泄漏，造成生产安全事故。

3. LNG 储罐防潮底板、二层底板焊接是现场质量管理易忽视的一个工序，工程质量监督人员对于此类情况做好项目前期监督交底宣贯，为项目质量管控提前打好预防针。

案例 11　不锈钢储罐焊材选用错误

【问题描述】

2019 年 5 月，广东省惠州市大亚湾区某清洁能源项目。质量监督工程师在检查时，发现施工的不锈钢储罐材质为 S30403，施焊焊条为 A102，属于碳含量高的焊材焊接碳含量低的母材，焊材不匹配，易造成焊缝含碳量高，降低焊缝的抗腐蚀性能。

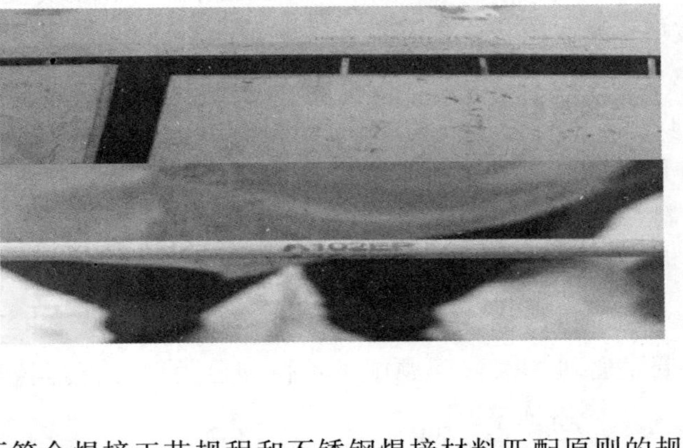

【监督依据】

上述问题不符合焊接工艺规程和不锈钢焊接材料匹配原则的规定。

【案例评析】

1. 根据不锈钢钢板制造标准《承压设备用不锈钢和耐热钢钢板和钢带》

(GB/T 24511—2017)，对不锈钢母材 S30403 与 S30408 进行对比，含碳量分别为 0.03%、0.08%。

2. 根据不锈钢焊材制造标准《不锈钢焊条》(GB/T 983—2012)，不锈钢焊材 A102 (E308-XX) 与 A002 (E308L-XX) 化学成分进行对比，含碳量分别为 0.08%、0.04%。

3. 上述分析可以看出，焊材 A102 含碳量为 0.08%，母材 30403 含碳量为 0.03%，二者含碳量存在较大差异，对于腐蚀性要求较高的储罐，应采用合适的焊材和焊接工艺进行焊接。

4. 施工单位技术人员能力不足，未掌握不锈钢储罐焊接的相关技术要求，未起到有效管控作用。

5. 监理单位专业人员能力不足，责任心差，对于出现的质量问题未能及时提出和阻止，储罐焊接管理存在失控。

【问题处置】

1. 工程质量监督机构对该问题施工单位和监理单位下达《建设工程质量问题整改通知书》，责令限期整改。

2. 责令责任单位制定整改方案，经建设单位和监理单位审核后实施，并加强焊接工艺纪律执行；监理单位焊接工程师履职尽责，加强焊接过程现场巡视。

3. 针对上述问题，建设单位组织监理单位总监、施工单位项目经理、技术负责人召开专题会，分析问题原因、制定整改措施，同时分析现场管理原因，加强技术措施和质量保证措施，确保质量保证体系有效运行。

【经验教训】

1. 奥氏体不锈钢腐蚀原理在腐蚀环境下，Cl^- 的存在使不锈钢钝化层局部破坏形成腐蚀坑，在温度不超 100 ℃条件下，易形成点蚀、应力腐蚀等，提高 Cr、Ni、Mo 合金元素含量，采用超低碳材质可提升不锈钢抗点蚀能力；另外焊材碳含量高，高温焊接时产生晶间腐蚀的倾向大大增强，破坏焊接接头的使用性能。

2. 监督人员检查时，应加强对不锈钢材料焊接的监督管理，包括焊材使用、焊接工艺、层间温度控制等，尤其中厚板不锈钢焊接防止层温过高造成晶间腐蚀倾向，加强质量宣贯，防止类似问题重复发生。

案例 12 往复式压缩机空负荷调试质量问题

【问题描述】

2017 年 3 月，广东省惠州市大亚湾区某石油化工项目。质量监督工程师在对往复式压缩机空负荷试车检查过程中发现，用于试车检测的计量器具未报验，测温枪未检定，测振仪检定证书过期。测量曲柄箱、电机、汽缸振幅的测振仪（出厂编号为 No. 86436009）校准有效期已过期失效；现场测量曲柄箱油温的雷泰（Raytek）测温枪，经反复确认施工单位仍未能提供有效校准证书。

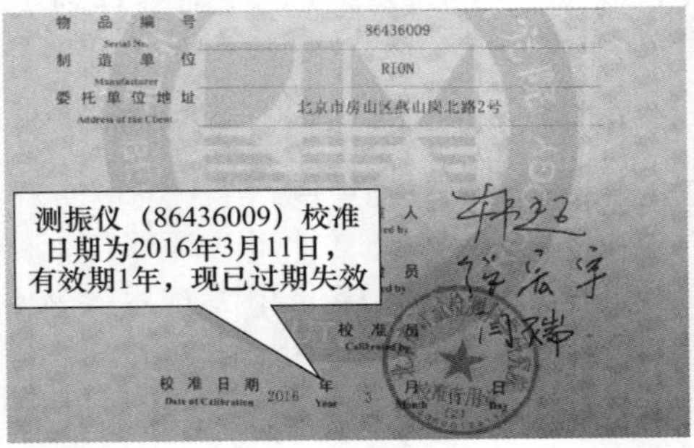

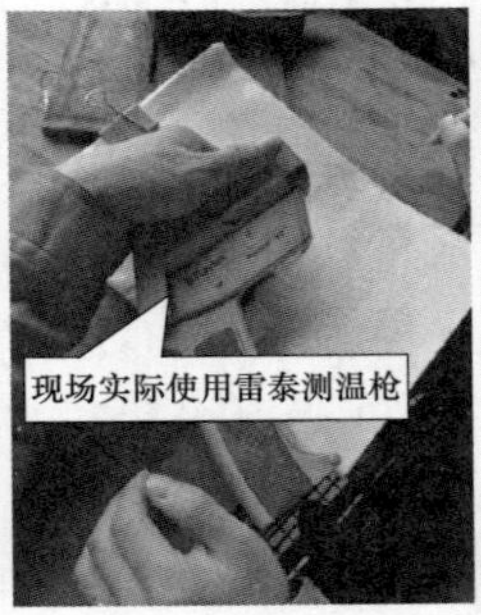

【监督依据】

上述问题违反了《中华人民共和国强制检定的工作计量器具检定管理办法》第七条：“属于强制检定的工作计量器具，未按照本办法规定申请检定或者经检定不合格的，任何单位和个人不得使用。”不符合《机械设备安装工程施工及验收通用规范》（GB 50231—2009）第 1.0.6 条：“机械设备安装工程中采用的各种计量和检测器具、仪器、仪表和设备，必须符合国家现行有关标准的规定；其精度等级应满足被检测项目的精度要求。”

【案例评析】

1. 建设和监理单位相应设备专业人员疏于管理，管理存在漏洞。未对试车条件进行逐项确认，现场也没有核实检测仪器的状态，只是记录和见证数据，未对数据的真实性进行复测。

2. 施工单位技术管理人员未对检测仪器设备状态进行跟踪登记，导致进行测试的施工人员和厂家技术人员使用不合格的检测仪器进行测试，影响压缩机空负荷试车结果的准确性、真实性。

【问题处置】

1. 工程质量监督机构对该问题施工单位和监理单位下达《建设工程质量问题整改通知书》，责令限期整改。

2. 建设和监理单位重新逐项复核试车条件，每项复核合格后方可进行试车。

3. 立即更换合格的经过检定的且在有效期之内的检测仪器设备，按照试车方案要求重新进行空负荷试车。

【经验教训】

1. 大型往复式压缩机是石化装置中的关键设备，该类设备都是用于大型工艺流程，一旦生产阶段出现故障，发生非计划停产，造成的损失是巨大的。大型机组试车作为质量监督必监点，监督人员必须对试车方案和试车条件确认内容进行逐条逐项检查核实，确定试车程序是否严格执行管理规定。

2. 往复式压缩机往往都是分体组装，压缩机组的安装质量则是保证压缩机平稳、高效运转的基础，而压缩机空负荷试车是检验安装质量的最重要一环，作为各方见证点，对各方的质量行为的检查也是一个重点内容。其中主要就是机组主要轴承位置的振动值、温度及各级吸排气压力。质量监督人员应重点检查各责任主体专业负责人是否到场见证，是否履行各自管理职责，同时对试车数据真实性进行现场检查核实，检查现场用于测试设备振动和温度等仪器检定、报验情况，核对现场振动和温度测试值与配套机柜间的远传数据。

案例 13 泵安装质量问题

【问题描述】

2016 年 6 月，广东省惠州市大亚湾区某石油化工项目。质量监督工程师在对该炼油装置设备安装质量检查过程中发现，多处泵基础与泵本体安装孔位置对应但泵本体外伸基础尺寸较大，泵基础与设备安装要求不一致，施工单位未进行整改的情况下进行了设备安装找正。

【监督依据】

该问题不符合《机械设备安装工程施工及验收通用规范》(GB 50231—2009) 第 3.0.4 条："机械设备安装前，其基础、地坪和相关建筑结构，应符合机械设备基础的质量应符合现行国家标准《混凝土结构工程施工质量验收规范》GB 50204 的有关规定，并应有验收资料和记录，机械设备基础的位置和尺寸应按表 2.0.3 的规定进行复检。"

GB 50231—2009 表 2.0.3　机械设备基础位置和尺寸的允许偏差

项　目	允许偏差（mm）
坐标位置	20
不同平面的标高	0，－20
平面外形尺寸	±20
凸台上平面外形尺寸	0，－20
……	……

【案例评析】

机械设备基础的施工是土建施工和设备安装施工的工序交接位置，质量管理漏洞频出，主要原因有：

1. 各专业交叉处，质量管理人员职责不清。现场土建施工专业管理人员和设备安装专业管理人员专业交叉处施工范围未划分清楚，容易出现两专业推诿扯皮现象。

2. 该案例同时还暴露出，设计深化不及时，各专业设计人员未掌握现场的设备实际参数和实际安装情况。设计人员还要结合设备安装工程所涉及的安装单位的实际技术水平与安装工程的经济情况对图纸进行进一步优化，以此来尽可能降低施工过程中出现设计变更的情况。

3. 监理单位工序交接管理空缺。土建监理和设备监理人员在基础交接环节，管理失职，未仔细核对基础图纸和设备图纸，同时安装后对明显质量问题视而不见，不作为。

【问题处置】

1. 工程质量监督机构对该问题施工单位和监理单位下达《建设工程质量问题整改通知书》，责令限期整改。

2. 设备基础凿开重新浇筑，按照实际的设备底座尺寸进行施工，设计单位设计人员进行变更确认的同时需要现场核实实际安装情况。

【经验教训】

1. 在实际设备安装工程中都存在多工种交叉工作的方式进行安装，比如土建、钢结构、管道专业施工质量都与设备安装质量密切相关。也正因如此，整个安装工程对于各个工种之间的相互配合也有着一定的要求，而这一问题则需要质量管理人员来进行协调解决。

2. 对于安装人员来说，安装单位需要在正式安装前对安装人员进行全方位的交底和培训工作，要求实际施工人员必须及时反馈安装的问题。从而最大限度地提高安装质量，降低工程中可能会存在的质量问题，提高设备安装工程的质量水平。

3. 在设备采购过程中采购人员不仅要随时对所有材料与设备进行质量检查，还要仔细检查采购材料和设备的种类、型号、规格是否与设备安装工程实际需求相符，绝对不能马虎大意，从而从材料方面对设备安装工程进行保障。

案例 14 风机安装质量问题

【问题描述】

2020 年 6 月，广东省惠州市大亚湾区某石油化工项目。质量监督工程师在对风机安装检查过程中，发现风机基础垫板未按设计预埋施工，导致基础尺寸偏差过大。多台引风机基础垫板未按设计施工图施工，现场测量垫板的安装尺寸与图纸不同，尺寸超差 300 mm，同时检查垫板与支腿为点焊连接，未按风机技术文件要求安装地脚螺栓，影响使用功能。其余多台风机基础垫板均有相同问题。在试车过程中两台风机出现振动大、噪声大，电动机端部发热等异常现象。

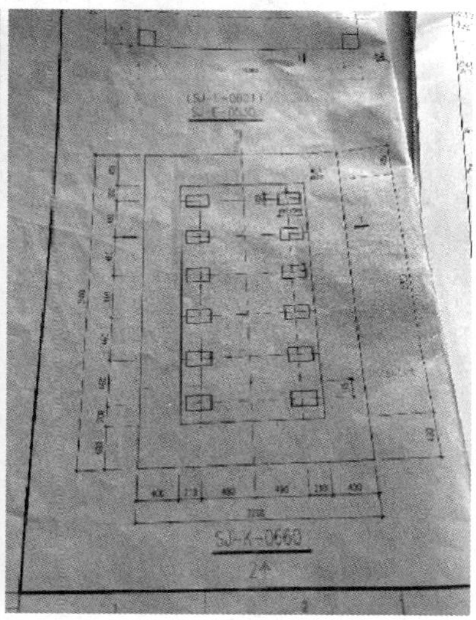

【监督依据】

该问题不符合设计文件要求和《机械设备安装工程施工及验收通用规范》(GB 50231—2009) 第 2.0.3 条："机械设备安装前，其基础、地坪和相关建筑结构，应符合：1. 机械设备基础的质量应符合现行国家标准《混凝土结构工程施工质量验收规范》GB 50204 的有关规定，并应有验收资料和记录，机械设备基础的位置和尺寸应按表 2.0.3 的规定进行复检。"及《风机、压缩机、泵安装工程施工及验收规范》(GB 50275—2010) 第 2.2.5 条："离心通风机试运转除应符合本规范第 2.1.12 条的要求外，尚应符合下列要求：试运转中，在轴承表面测得的温度不得高于环境温度 4 ℃，轴承振动速度有效值不得超过 6.3 mm/s；矿井用离心通风机振动速度有效值不得超过 4.6 mm/s；其振动的检测及其限值应符合本规范附录 A 的规定。"

GB 50231—2009 表 2.0.3　机械设备基础位置和尺寸的允许偏差

项　　目	允许偏差 (mm)
坐标位置	20
不同平面的标高	0，－20
平面外形尺寸	±20
凸台上平面外形尺寸	0，－20
……	……

【案例评析】

1. 基础施工未按设计图纸要求施工，设备安装未按照程序要求核对基础尺寸，安装出现问题后，未及时提出解决方案，在未征询设计和监理单位同意的情况下擅自进行改造施工。

2. 风机基础未按照设计要求进行安装，导致设备水平度达不到安装要求，试车导致轴承磨损增大，出现个别风机噪音和振动超标问题。

3. 监理单位试车管理空缺。首先监理人员未对基础情况进行复核，其次在空负荷试车阶段未用测振和测温仪器对试车结果进行复核。

【问题处置】

1. 工程质量监督机构对该问题施工单位和监理单位下达《建设工程质量问题整改通知书》，责令限期整改。

2. 设计单位根据现场实际的施工情况提出合理变更建议，施工单位按照设计要求重新对设备进行调整安装。

【经验教训】

1. 严格进行质量检验工作。在安装过程中，相关质量检验人员和监理人员要不定时或者定时对安装质量进行检验和复核，并且对于工程中关键部件的安装还要在一旁进行实地监督。除此之外，建设单位还要对质量管理制度细节进行明确与规范，并且将安装质量问题同每一名施工和监理人员的实际利益相关联，如果质量检验人员在检查过程中发现有质量问题，那么将会追究到个人，并对该人进行严厉处罚。在每一个设备安装完成以后，质量检验人员还应该要求安装人员进行设备试运行工作，以此来保证问题尽早发现、尽早解决，最大限度地减少可能产生的质量问题。

2. 图纸是机电设备安装建设的主要依据，安装人员在进行实际安装的过程中，应保障安装建设的情况与图纸要求内容相符合，确保不会出现因没有严格按照图纸进行安装建设所导致的安装质量问题。另外，如果在安装建设过程中发现图纸有与实际情况不相符的地方，一定要将不相符之处进行上报，然后联系设计人员对设计图纸进行修改变更，绝不能私下对设计图纸进行修改工作或擅自修改不按设计要求施工。

案例 15　设备和原材料成品保护质量问题

【问题描述】

2021 年 6 月，天津市滨海新区南港工业园区某化学药剂项目。质量监督工程师在对反应釜类设备安装检查过程中，发现现场设备安装成品保护不到位，焊材未按规定回收随意放置。搪瓷釜电机减速装置未进行有效保护，连接端面表面锈蚀严重；PO 罐下表面铁离子污染；复配斧下部不锈钢加热盘管表面被铁离子污染。焊材（焊丝）存在随意放置，焊工作业完成后未按照焊材管理要求放回焊材室，焊材管理混乱。

【监督依据】

该问题不符合《石油化工静设备安装工程施工质量验收规范》（GB 50461—2008）第 3.7.1 条“奥氏体不锈钢制设备应与碳钢隔离，并采取防止铁离子污染的措施”及《机械设备安装工程施工及验收规范》（GB 50231—2009）第 5.1.2 条“机械设备清洗的零件、部件应按装配或拆卸的程序进行摆放，并妥善地保护，不得随地乱倒”及《焊接材料质量管理规程》(JB/T 3223—2017)第7.4节焊接材料回收的相关规定。

【案例评析】

1. 现场设备安装原材料和设备堆放管理混乱，不锈钢设备、管道与碳钢管道、型钢等混放，现场检查时管理人员视若无睹，习以为常，质量管理要求从管理层面到施工层面均未严格执行，质量管理人员管理松懈。

2. 未充分了解机械设备的特点。搪瓷釜设备同时兼顾动设备和静设备特点，包含动设备调试过程，同时属于Ⅱ类压力容器，具有一些危险属性，由于其高温高压易燃易爆等特性，需要进行特定的检查和保护。

【问题处置】

1. 工程质量监督机构对该问题施工单位下达《建设工程质量问题整改通知书》，责令限期整改。

2. 立即对现有已安装被污染地不锈钢设备进行酸洗处理，同时加强全场设备成品保护。

【经验教训】

1. 首先，设备的运输和吊装要有保护措施，安装现场要整洁干净，杜绝设备零件出现损坏和丢失的情况；其次，做好设备的防盗、防风以及防水工作，用塑料布将设备盖好；最后，螺扣、螺栓和配对法兰等连接部位，要使用防锈油进行涂抹，在拆卸零件后，裸露部位要做好封闭保护，防止被雨水腐蚀。

2. 质量管理无小事，增强质量管理意识。一项工作的高效运行，离不开精细化的管理。在石油化工机械设备安装中，需要依托缜密的管理制度对安装人员工作进行指导和约束。但由于石油石化企业机械设备安装缺乏行之有效的质量管理体系，导致设备在应用过程中经常出现问题：安装流程与材料采购和应用有明显的时间间隔，造成了安装管理措施滞后。再加上管理人员对设备安装不够重视，没有严格依据要求进行工作，从而引发安装失误，影响设备作业质量，给整个生产带来了极大的负面影响。

3. 针对一些特殊的设备，要求施工和监理人员在安装时一定要考虑到设备安装和操作的复杂性，有效地控制好安装的环境问题，这样就能够更好地保障设备工程的质量，也使安装活动能够稳定实施。必须要重视设备安装的环境，细致分析设备的特点和条件，这样才能够选择合适的工艺技术进行设备的安装，同时要调整好机械的参数，保证机械设备能够正常运行。如果施工人员能够充分地了解施工的特点，就能够掌握机械设备工作的要点，使安装工作更加科学合理。

案例 16　化学反应釜设备安装找正和垫铁安装质量问题

【问题描述】

2021 年 7 月 25 日，天津市滨海新区南港工业园区某化学药剂项目。质量监督工程师在对反应釜类设备安装检查过程中，发现反应釜安装找正现场复测不达标。复配斧和搪瓷釜复测上凸缘精加工面水平度，实测水平偏差为 1 mm，超过设计要求，设计要求为 0.6 mm。循环水泵二次灌浆完成，但安装垫铁依然外露，且设备底座未与二次灌浆层贴合，间隙较大。冷冻机设备配管已经结束，但是设备的垫铁依旧裸露未进行二次灌浆。

【监督依据】

该问题不符合设计文件、设备随机技术文件要求和规范及《石油化工安装工程施工质量验收统一标准》（SH/T 3508—2011）第 4.4.4 条“安装工程施工质量验收应在施工单位自行检查合格的基础上进行，应报验的项目未经建设/监理单位检查认可不得进行后续作业的施工”的要求。

【案例评析】

1. 在找正前，未做好充分安装准备，未核对设备的随机技术文件和设计文件有关找正的要求。

2. 未经验收即进入下道工序：二次灌浆验收涉及垫铁隐蔽验收，是在设备安装找正完成后的紧后工序，要求需要在最终找正 24 h 内完成。设备安装找正状态影响设备后续投用及使用寿命，是规范要求进行监督检查的重点，二次灌浆未完成代表塔类设备最终找正状态未确认，此种情况下是严禁后续作业施工的。

【问题处置】

1. 工程质量监督机构对该问题施工单位下达《建设工程质量问题整改通知书》，责令限期整改。

2. 对反应釜设备脱开管道连接，重新进行找正安装直至达到设计和随机技术文件要求。

3. 对尚未二次灌浆的冷冻机等设备，脱开管道连接，重新找正达到要求后，进行二次灌浆。建设/监理单位、施工单位应严格执行设备安装验收程序，应停止后续作业施工，直至找正验收合格后 24 h 内完成灌浆工作，作为重点问题进行跟踪检查。

【经验教训】

设备安装监督工作，如果现场设备已经安装找正完毕，需要质量管理和质量监督人员适时利用测量仪器及时进行复核，出现不符合要求的设备及时纠正，同时举一反三进行全场检查。同样，类似的动设备比如泵、风机、压缩机现场已轴对中、单机调试完毕，需要对该类设备进行抽测，保证设备安装质量符合设计和规范要求。

案例 17　塔器类设备安装质量问题

【问题描述】

2021 年 10 月，浙江省宁波市大榭开发区某石油化工项目。质量监督工程师在对塔类设备安装检查过程中，发现塔器设备基础安装未按照设计要求连接固定，两台设备已经安装找正完毕。检查发现该塔器的耳座支撑下部弹簧支撑未与结构基础焊接，且上部支撑预留有螺栓孔，现场未见任何固定措施，现场施工及监理单位技术人员对该位置的实际安装要求不清楚。后经查看该设备装配及支架装配设计图纸，确认施工单位未按设计要求对该 4 处支撑位置进行焊接固定。检查该设备的进场验收文件，发现缺少出厂质保和监督检验文件。

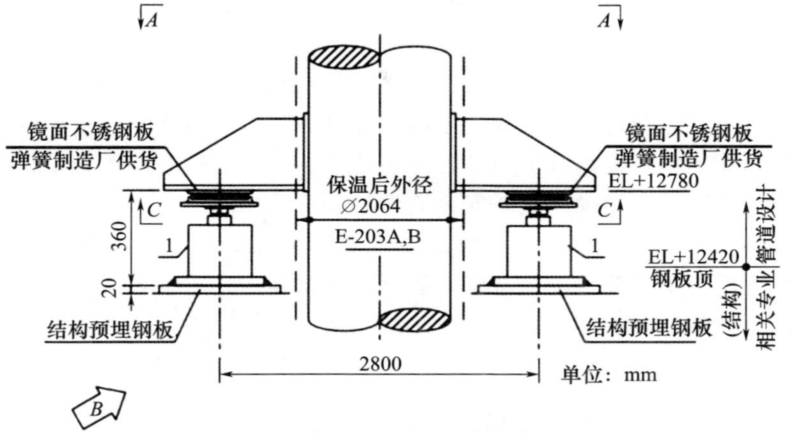

【监督依据】

该问题不符合设计文件、设备随机技术文件要求，不符合《石油化工静设备安装工程施工质量验收规范》（GB 50461—2008）第 3.4.1 条“设备安装应具有设计文件、设备质量证明文件、标准规范、施工技术文件”及第 3.4.2 条“压力容器质量证明文件应符合《压力容器安全技术监察规程》的要求”的规定。

【案例评析】

1. 专业交叉，范围不清：该处为设备、结构及管道（弹簧支架）安装交叉点，各专业交叉点的质量管控处于薄弱环节。

2. 质量意识淡薄，不严格遵循图纸要求：通过此次检查，发现众多压力容器尤其是Ⅲ类及Ⅱ类容器缺少压力容器监督检查资料，其中有一项最重要的用于指导施工的竣工图大多未到场，导致设备工程师无法根据竣工图要求安排施工。

【问题处置】

1. 针对该处位置应由谁主导谁负责。该位置为设备安装支撑位置，应由设备安装专业主导安装，结构配合设备装配图做好结构钢板预埋或焊接，同时支架安装专业应配合设备装配图纸要求对支架进行固定。设备工程师负责组织两专业进行专业交接。

2. 进场已验收及安装的压力容器应根据 TSG 21 要求，备齐出厂监督检查文件。设备安装首先应遵循设计要求，竣工图为设备出厂的最终要求，作为设备安装的重要指导文件，现场安装应引起重视。

【经验教训】

1. 大型设备安装质量对于整个石化装置效用的发挥具有重要影响，石化项目在设备安装方面没有建立起良好的设备安装监督机制，安装过程中缺少监督，无法保证安装质量，为设备安装运行带来了一定的隐患，成为石油化工企业未来发展过程中的安全隐患。

2. 案例中的质量问题完全可以通过过程检查或者增强个人责任意识的方式解决。石油化工企业可以建立起一定的奖惩机制，通过奖励来激发广大设备安装工作者的工作热情，提高其努力学习安装技术、树立责任心的意识，保证设备安装队伍专业安装技术过硬，设备安装质量过关。

3. 设备监督人员除了对设备本体的设计规格书、制造安装图纸熟悉外，同时应提前查看设备安装的配套基础（混凝土、钢结构）图纸，通过图纸检查施工过程中的不一致问题。

案例 18　容器类设备安装质量问题

【问题描述】

2021 年 10 月，浙江省宁波市大榭开发区某石油化工项目。质量监督工程师在对压力容器类设备安装检查过程中，发现压力容器筒体对接焊缝在运输、安装过程中受损，压缩机配套排气缓冲罐为Ⅱ类容器，设计压力 1 MPa，工作介质氢气、甲烷等，属于重点监督设备。

【监督依据】

该问题不符合《石油化工静设备安装工程施工质量验收规范》（GB 50461—2008）第 3.5.3 条“设备外观质量应符合无表面损伤、变形及锈蚀”的规定。

【案例评析】

压缩机配套排气缓冲罐筒体对接焊缝运输、安装过程中受损，且受损位置为通体环缝处，属于结构薄弱部位。施工单位未及时按照设备进场验收程序处理即开展施工安装，且现场已安装找正完毕。

【问题处置】

要求现场对该处焊缝进行返修，且需进行检测，确认无缺陷后方可补漆现场安装。

【经验教训】

石油化工企业的机械设备很多都是大型设备，体积比较大，在安装过程中应用的设备元件也比较多，所以要求石油化工企业进行机械设备安装施工之前必须要做好相关设备元件的管理工作，从仓储到运输，一直到使用环节。另外在设备安装之前也要做好对相关零部件的质量检查工作，避免最终“千里之堤毁于蚁穴”的事故发生，不符合检测要求的部件应该及时更换，禁止不合格的部件进入到石油化工机械设备安装工程当中。

案例 19　立式圆筒形金属储罐安装质量问题

【问题描述】

2021 年 10 月，浙江省宁波市大榭开发区某石油化工项目。质量监督工程师在对储罐类设备安装检查过程中，发现储罐锚固板螺栓孔尺寸与预埋螺栓径向尺寸偏差过大，罐底锚固板，现场多个锚固板螺栓孔未经设计同意擅自扩孔，导致外侧壁厚变薄达不到设计要求。螺栓至板外侧间距不足 10 mm，间距过小。对附属钢结构及扶梯检查发现，罐盘梯内侧板至罐壁尺寸，抽查 3 处均为 200 mm，设计要求为 150 mm，不符合设计和规范要求。盘梯立柱与外侧板焊接未按要求三面围焊，存在单边焊和点焊的情况。

【监督依据】

锚固板和盘梯安装质量问题不符合设计图纸要求；盘梯间距问题不符合设计图纸要求。

【案例评析】

1. 施工单位质量意识淡薄，未经设计同意擅自修改，影响结构安全。土建预埋螺栓孔与锚固板螺栓孔尺寸不对应，施工单位打磨锚固板螺栓孔，导致外侧壁厚变薄达不到设计要求。螺栓至板外侧间距不足 10 mm，间距过小。

2. 扶梯安装内侧与罐壁板安装间距过大，盘梯结构施工单位未按设计要求进行施工，盘梯立柱与外侧板焊接未按设计要求进行三面围焊，施工人员现场仅点焊。

【问题处置】

1. 由于现场锚固板已全部安装完毕，对已扩孔的锚固板需经过设计强度校核，同时设计单位提供加固方案，施工单位应完成扩孔位置的加固。

2. 扶梯立即拆除重新安装，位置尺寸需符合设计和规范要求。

【经验教训】

大部分大型立式化工金属储罐都构成重大危险源，其使用状态均为常压，不属于特种设备，因而无论在设计方面还是在施工方面往往注意不够。实际的安装中，施工工艺和安装程序要科学、合理，同时焊接的技术需要有标准和要求。要想让圆筒型储罐使用寿命提高，同时防止变形，就需要企业加以重视，只有这样才能保证储罐结构安全和使用寿命。监督人员在对储罐底板、壁板组对、焊接质量检查的同时，也应对附属配套结构进行重点检查。

第五章

管道安装工程案例

案例 1　工艺管道焊接根部未熔合

【问题描述】

2021 年 9 月，天津市滨海新区某基地项目。质量监督工程师对空压站装置和预舾装场地工艺管道检查时发现如下问题：空压站装置压缩空气工艺管道的一道焊口存在根部未熔合，预舾装场地压缩空气工艺管道的多道预制焊口存在根部未熔合；未熔合焊口现场无管道焊缝标识，可追溯性差，施工单位对管道焊接质量控制不到位。

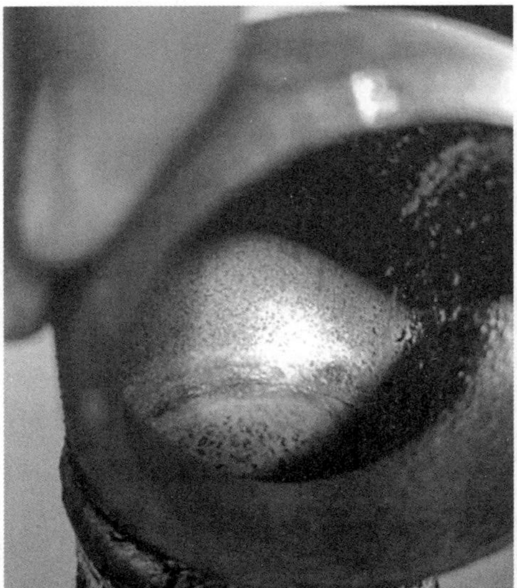

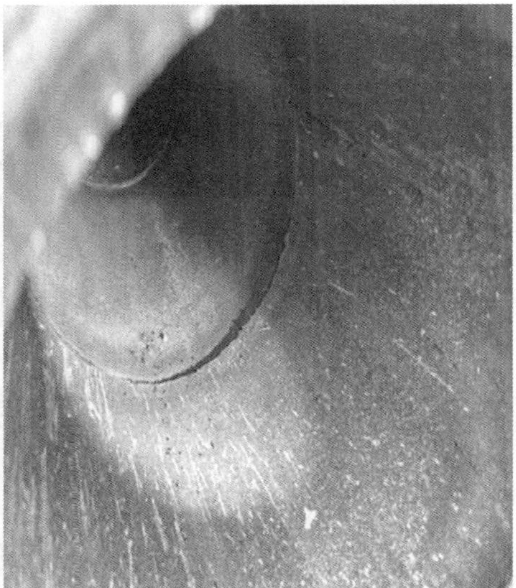

【监督依据】

该问题不符合《现场设备、工业管道焊接工程施工质量验收规范》（GB 50683—2011）第 8.1.2 条“管道焊缝的外观质量应符合本规范表 8.1.2-1 的规定”，即管道检查质量等级（Ⅰ～Ⅴ）均不允许出现未熔合、未焊透的情况。

【案例评析】

1. 管道坡口组对间隙过小、钝边过大是造成根部未熔合的直接原因，施工单位管道工、焊工技能低、责任意识差，施工单位质检人员对管道焊接质量控制不到位。

2. 监理单位质量检查力度不够，出现上述焊接问题，说明现场质量监管流于形式，个别部位管道焊接质量存在失控现象。

【问题处置】

1. 工程质量监督机构对该问题施工单位和监理单位下达《建设工程质量问题整改通知书》，责令限期整改。

2. 要求责任单位拿出整改方案，责令施工单位立刻整改。

3. 要求对存在问题的焊工重新进行焊接工艺交底和技能培训，合格后再上岗。

4. 要求施工单位对该上述管道焊口成型质量，尤其是根部熔合质量进行自查并处理；责令监理单位认真履责，对已焊接完成的管道焊口进行全面检查，必要时增加探伤比例。

【经验教训】

1. 工艺管道是石油石化工程项目的重要组成部分，焊接质量直接影响后续安全运行，根部未熔合缺陷不及时处理，影响管道焊缝强度，存在管道运行安全隐患。

2. 加强工艺管道焊接把关是质量控制的重中之重，对管道焊前、焊接过程和焊后的质量检查及验收应严格把关，确保管道焊接质量可靠。

案例 2　P91 管道热处理工艺错误

【问题描述】

2019 年 4 月，广东省惠州市大亚湾区某石化工程锅炉改造项目。质量监督工程师在对 P91 合金管道（$\varnothing$457 mm×35 mm）焊口检查，并使用里氏硬度计对热处理的两道黄金焊口进行硬度抽查时，发现硬度均值分为 297HB、312HB，超过规范允许硬度值270HB；对两道焊口的热处理曲线进行检查时，发现热处理曲线显示恒温时间为2 h。

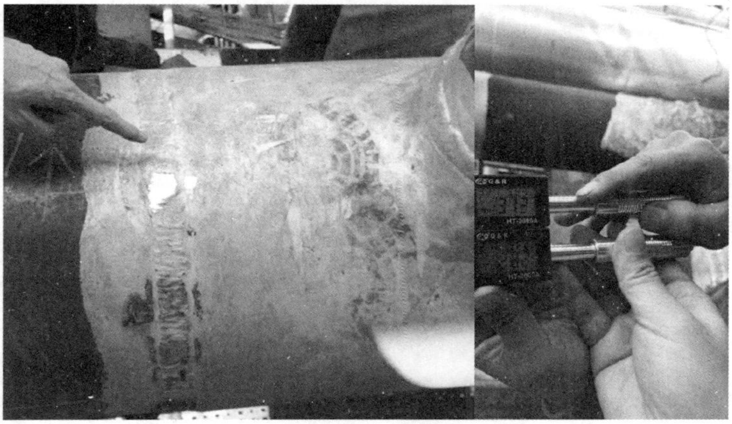

【监督依据】

上述问题不符合《火力发电厂焊接技术规程》（DL/T 869—2012）中附录F中对P91管道热处理要求："管径不小于76 mm采用SMAW填充盖面的焊接接头，焊后热处理恒温时间不小于2小时……"采用柔性陶瓷电加热时，表F1中P91（10Cr9Mo1VNbN）材质在25.0～37.5 mm厚度范围的恒温温度时间为3 h。

【案例评析】

1. 热处理人员专业能力不足，制定的热处理工艺不满足要求，过程管理失控。

2. 质量监理工程师专业经验不足，无法实施有效的旁站监理。

3. 检测人员的硬度检测未严格执行检测工艺，导致两次数据误差过大，数据错误。

4. 建设单位管理能力弱，现场关键部位的质量管理存在漏洞。

【问题处置】

1. 工程质量监督机构对该问题施工单位和监理单位下达《建设工程质量问题整改通知书》，责令限期整改。

2. 要求施工单位制定整改方案，根据现场条件及时对两道固定焊口进行再次热处理。

3. 监理单位、建设单位对整改方案进行审查确认，确保现场热处理条件适合，热处理完成后，检测单位进行硬度检测，确保整改合格。

【经验教训】

1. P91 材质管道无论是焊前预热、焊接过程控制和焊后接头热处理，这些过程至关重要，严格执行焊接工艺和焊后热处理，是保证 P91 材质焊接合格的关键要素。

2. 工程质量监督人员应加强特殊材质、高温、高压合金管道监督检查力度，同时督促质量保证体系正常运行，督促责任单位加强自身管理，保证重要工程实体质量受控。

案例 3　站场 A333 Gr. 6 材质厚壁工艺管道未进行热处理

【问题描述】

2018 年 11 月，广东省深圳市龙岗区某液化天然气接收站项目。质量监督工程师在对接收站内配套设施改扩建工程检查时发现，工艺管道（规格 ∅610 mm×38.9 mm，材质 A333 Gr. 6）现场焊口未进行热处理，焊接工艺规程 WPS-S-04 未体现热处理要求，部分管道试压已完成。

【监督依据】

上述问题不符合《现场设备、工业管道焊接工程施工质量验收规范》（GB 50683—2011）第 7. 3. 13 条“焊后热处理应符合设计文件的规定，当无规定时，管道的焊后热处理应符合现行国家标准 GB 50235 的有关规定”及《工业金属管道工程施工规范》（GB 50235—2010）第 6. 0. 10 条明确规定的厚度＞19 mm 的碳钢管道均应进行热处理。

【案例评析】

1. 施工单位为了追赶进度、节约成本，导致主观放弃对材质管道焊后热处理的情况。

2. 施工单位技术人员对 GB 31032（替代 SY 4103）、SY 0452 适用范围要求掌握不清。

3. 该材质管道属于厚壁管道，若不进行焊后热处理，个别管道易存在焊接接头成分偏析、应力集中等问题，为管道低温运行埋下质量隐患，出现上述问题，说明现场管道焊后热处理质量管理失控。

【问题处置】

1. 工程质量监督机构对该问题施工单位和监理单位下达《建设工程质量问题整改通知书》，责令限期整改。

2. 对于未按要求进行热处理的焊口，要求责任单位制定整改方案，对不能免除热处理的工艺管道焊口按照规范要求制定可行的热处理工艺，采用适合的热处理设备，保证管道焊口现场热处理效果可靠。

3. 监理单位的监理工程师应仔细研读相关规范要求，提升自身专业技能，同时应加强工艺管道焊接过程、焊后检查验收，做好热处理方案和现场热处理条件的审查，切实负责做好重要工序关键部位监管。

【经验教训】

1. 国家标准是现场工程施工的最低标准，各方应严格遵守，保证质量标准可控。

2. 在长输管道施工中，针对站场工艺管道，施工单位如果适用范围不明、引用标准不清，容易忽略一些管道施工的关键环节，严重时将直接影响管道施工质量。

3. 在施工单位、监理单位等各方并未完全理解和掌握标准规范的情况下，需要我们监督人员更加准确地把握规范的各项内容，严格要求，确保管道施工质量符合规范要求。

案例 4　工艺管道焊接工艺评定不符

【问题描述】

2019 年 7 月，广西贵港桂平市某储罐项目。质量监督工程师在对工艺管道监督检查时，发现工艺管道的焊接工艺评定材质为 20G，属于 Fe-1-1 组别；而部分管件管子为 Q345R 材质，为 Fe-1-2 组别，焊接工艺评定不能覆盖现场工艺管道焊接。

【监督依据】

上述问题不符合《承压设备焊接工艺评定》（NB/T 47014—2011）第 6.1.2.2 条组别评定规则第 a 款“除下述规定外，母材组别号改变时，需重新进行焊接工艺评定”的规定。

【案例评析】

1. 施工单位技术人员对焊接工艺评定相关规定不熟悉，现场技术管理能力薄弱。

2. 监理单位专业人员能力不足，责任心差，对于明显质量问题未能及时提出和阻止，现场工艺管道焊接管理存在一定失控。

3. 焊接工艺管道 Q345R、20G 所使用的焊材强度级别不同，按照焊材匹配原则应分别选用 50一、40一强度级别。

4. 经检查发现，现场施焊的焊材均为40一强度级别，对焊材库的检查发现，库中无50一强度级别焊材和相关发放记录，焊材发放记录中仅有40一强度级别，说明现场工艺管道Q345R焊接焊材选用有误。

【问题处置】

1. 工程质量监督机构对该问题施工单位和监理单位下达《建设工程质量问题整改通知书》，责令限期整改。

2. 对于已施焊焊口，要求责任单位制定整改方案，责令施工单位立刻整改，对于已施焊的管道进行核查，对于未按正确焊接工艺施焊的焊口，应制定切实可行的评估方案，必要时可进行切口处理，保证管道焊缝的整体强度符合设计要求。

3. 责令监理单位加强履职，对于能力不足、责任心差的监理工程师进行及时更换，责令监理单位认真履责，对已焊接完成的管道焊口进行全面检查，跟踪整改、落实。

4. 建设单位应加强对工艺管道的质量管理，加大对各方人员的管理，同时加强验收把关，确保管道焊接质量。

【经验教训】

1. 焊接工艺不符、焊材使用低匹配将会影响管道焊缝强度，存在管道运行安全隐患。

2. 焊接工艺评定应按照现场施工条件，根据管道材质、厚度和焊接方法制定相应的焊接工艺预规程进行评定，无特殊要求时，可使用相应评定合格的焊接工艺评定，制定相应的焊接工艺规程，用于指导现场焊接。

3. 监督人员在对工艺管道检查时，应重点关注焊接工艺评定的落实。

案例5　工艺管道低温螺栓未进行复验

【问题描述】

2020年5月，广东省惠州市大亚湾区某化工项目。质量监督工程师在对工艺管道检查时，发现低温管道（设计温度－45 ℃）使用低温螺栓（型号：XS L7）未进行低温冲击值抽检，未进行成分复验，现场已进行了材料验收和安装。

【监督依据】

上述问题不符合《石油化工有毒、可燃介质钢制管道工程施工及验收规范》(SH 3501—2011) 第5.5.6条“低温管道用的铬钼合金钢螺柱应进行低温冲击性能检验，每批抽检不少于2根，试验结果应符合设计文件或产品标准的要求”的规定。

【案例评析】

1. 施工单位人员对规范理解不足，螺栓到货验收后，对低温使用的螺栓未能按设计和规范规定进行低温冲击值抽检。

2. 各方对低温螺栓验收不足，在验收时仅进行了外观规格检查，对螺栓的复检如低温韧性、合金成分等各方面均未关注，质量检验程序控制不严。

3. 监理单位对材料验收流于形式，对重要原材料进场验收抽检未进行严格把关，监督组检查时发现，个别部位低温法兰连接螺栓使用规格型号错误，说明监理工程师检查不严，责任心不足。

【问题处置】

1. 工程质量监督机构对该问题施工单位和监理单位下达《建设工程质量问题整改通知书》，责令限期整改。

2. 责令各方在对紧固件进场验收时，不仅要关注外观、数量和质量证明文件，还须按照规范和相关要求加强对工艺管道螺栓材质、性能和使用情况的检查，确保工艺管道运行过程稳定，不发生泄漏等生产安全事故。

3. 建设单位、监理单位应研读相关规范要求，根据现场实际情况，要求施工方按要求进行材料性能检验，并对已完成的工程进行抽检，确保已安装工程实体质量，将整个方案和整改结果报送质监站；要求责任单位应加强对原材料进行验收和复检的严格把关。

【经验教训】

1. 石油化工管道连接多为法兰螺栓紧固连接，连接预紧完好性与螺栓性能有着直接联系，尤其是低温管道的螺栓使用，低温螺栓强度和韧性是低温运行可靠性的保障，也是质量证明文件和需进行复检的主控项目，如果任何一项不达标，将会影响管道在低温下的正常运行，甚至发生泄漏等事故。

2. 监督人员对低温管道检查时，应重点复核螺栓的复检情况。

案例6　不锈钢管道连接件未做防锈处理

【问题描述】

2021年4月，广东省惠州市大亚湾区某石油化工项目。质量监督工程师在对管道工程检查时，发现多处不锈钢管线法兰连接螺栓锈蚀严重，螺栓表面未做防锈处理。

【监督依据】

该问题不符合《工业金属管道工程施工及验收规范》（GB 50235—2010）第7.3.6条“当钢制管道安装遇到下列情况之一时，螺栓、螺母应涂刷二硫化钼油脂、石墨机油或石墨粉等：1. 不锈钢、合金钢螺栓和螺母……”的规定。

【案例评析】

1. 施工单位管道安装人员未按要求对连接件进行防锈处理。

2. 施工单位质量管理人员现场管理不到位，施工质量检验程序控制不严。

3. 监理单位专业监理工程师未能提出现场存在的质量问题并要求施工单位整改。

【问题处置】

1. 工程质量监督机构对该问题施工单位下达《建设工程质量问题整改通知书》，责令限期整改。

2. 要求施工方按要求对现场管道连接件进行防锈处理，防止不锈钢法兰受到铁离子腐蚀，要求施工单位严格执行质量控制程序，提升质量管理能力和水平。

3. 要求监理单位对现场严格监管，发现质量问题及时处理，充分发挥监理职能。

【经验教训】

1. 不锈钢管道一般由于材料的特殊性，对连接件的要求比较高，特别应注意铁离子腐蚀问题。对于不锈钢管道法兰连接螺栓应严格按照标准要求及时做好防锈处理，避免产生质量隐患，确保不锈钢管道的连接可靠性。

2. 监督人员在现场检查时，发现不锈钢材质产品时，应重点关注铁离子污染问题。

案例7 管道试压包问题

【问题描述】

2015年5月，广东省珠海市金湾区某石油化工项目。质量监督工程师在现场抽检时，发现施工单位正进行试压工作的试压包（编号0212-P-0047）存在如下问题：

1. 施工单位在进行管线试压前没有制定经过批准的试压方案。

2. 试压包中SHA2级别管线的所有承插焊口均未进行无损检测。

【监督依据】

上述问题不符合《石油化工有毒、可燃介质钢制管道工程施工及验收规范》（SH 3501—2011）第8.1.2条："管道系统试压前，应由建设/监理单位、施工单位和有关部门对下列资料进行审查确认：……e）无损检测报告；……h）经批准的试压方案（含试压流程图）。"不符合第7.5.7条规定的管道级别为SHA2的角焊接头无损检测比例不低于20%（PT Ⅰ级或MT Ⅰ级）及第8.1.1条："管道系统压力试验，应在管道系统安装完毕、热处理和无损检测合格后进行。"

【案例评析】

1. 管道试压条件不满足，施工单位违规作业。

2. 施工、监理、建设单位未在该管道系统试压前对具备的条件进行检查确认。

3. 现场管道试压程序运行失控，施工单位未按规范执行，监理单位未按监理细则把关。

【问题处置】

1. 工程质量监督机构对该问题施工单位下达《建设工程质量问题整改通知书》，责令限期整改。

2. 现场停止试压作业，由各方对试压条件进行确认，由施工单位补做无损检测。

3. 监理单位对问题整改情况进行检查、复核，具备条件后再进行试压。

【经验教训】

压力管道在试压前各方必须对试压条件进行确认，保证管道系统试压的可靠性和安全性。

案例 8　管道错边严重问题

【问题描述】

2021 年 10 月，浙江省宁波市某石化项目。质量监督工程师在检查时，发现预制场区域管道一处焊接接头错边严重，管子壁厚 9.53 mm，焊接完成后错边实测最大值 4 mm。

【监督依据】

该问题不符合《现场设备、工业管道焊接工程施工规范》(GB 50236—2011)第 7.2.5 条“只能从单面焊接的纵向和环向焊缝，其内壁错边量不应大于壁厚的 25%，且不应超过 2 mm”的规定。

【案例评析】

1. 标准规范中对管道组对错边量范围有明确的要求，施工单位质量意识淡薄，技术交底不充分，在管道组对和焊接时未严格控制管子和弯管的错边量，施工单位质检人员对管道组对质量控制不到位。

2. 监理单位在组对和焊接后未认真检查组对错边情况，现场质量监管流于形式，个别部位管道焊接质量存在失控。

【问题处置】

1. 工程质量监督机构对该问题施工单位下达《建设工程质量问题整改通知书》，责令限期整改。

2. 要求施工单位将焊口切除，重新组对和焊接，并对错边量进行控制，同时加强管道组对和焊接的技术交底工作，施工过程中技术人员应加强检查。

3. 监理单位应加强施工过程中的巡检，对不符合标准和焊接工艺规程要求的行为及时处理。

【经验教训】

1. 管道组对和焊接质量直接影响管道的运行安全，错边严重导致焊缝强度不足，错边位置区域出现应力集中，影响管道的运行安全。

2. 管道组对质量是质量监督检查的重点内容，质量监督人员现场检查时应重点关注错边量是否符合标准规范或设计文件的要求。

案例 9　低温管道质量证明书问题

【问题描述】

2021 年 10 月，浙江省宁波市某石化项目。质量监督工程师在检查时，发现施工单位现场使用的 06Cr19Ni10（－196 ℃）低温不锈钢管道质量证明文件中未见低温冲击功数值。

【监督依据】

该问题不符合《160 万吨/年芳烃联合装置低温不锈钢管道技术条件》第 3.2 条“（2）每批钢管均应按照 ASTM A370 或 GB/T 229 的要求进行夏比 V 型缺口－196 ℃冲击试验”的规定。

【案例评析】

1. 设计文件明确指出每批钢管均应进行夏比 V 型缺口－196 ℃冲击试验，施工单位未认真研读设计文件要求，未对报审的不锈钢管道质量证明文件进行各项性能数据的核对。

2. 监理单位未严格按照设计文件要求进行审核，材料进场报验资料审核流于形式，未履行相应的监管职责。

【问题处置】

1. 工程质量监督机构对该问题施工单位下达《建设工程质量问题整改通知书》，责令限期整改。

2. 施工单位与钢管厂家联系，查阅出厂实验数据或送实验室补做测试，确保该批钢管的低温冲击韧性满足设计要求，监理单位加强进场原材料的审核。

【经验教训】

1. 低温冲击韧性是低温条件下使用的不锈钢管道的关键力学性能数据，低温冲击韧性不足会导致管道运行过程中焊缝出现脆断，进而引发灾难性事故。施工单位、监理单位、建设单位在材料进场验收时不能流于形式，应对材料的质量证明文件、尺寸、外观质量等严格检查，对低温管道应熟悉设计技术规格书或标准规范的要求，对报审的质量证明文件等应严格审核。

2. 质量监督工程师在检查时应重点关注低温不锈钢管道质量证明文件中的化学成分及力学性能数值是否符合项目技术规格书或标准规范的要求。

案例 10 管道焊接工艺纪律问题

【问题描述】

2021 年 9 月，江苏省盐城市某液化天然气项目。质量监督工程师在检查时，发现接收站工艺区不锈钢管道预制场壁厚 40 mm 的不锈钢管焊接，报审的焊接工艺规程为多层多道焊，其中填充层均为多道焊，而现场实际焊缝填充层均为单道焊，不符合焊接工艺规程的要求。

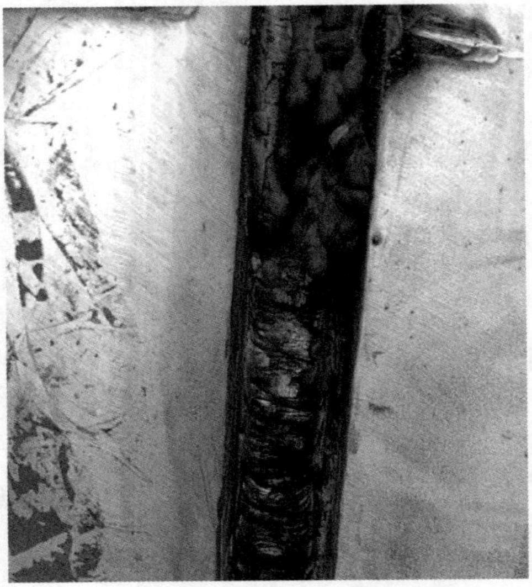

【监督依据】

该问题不符合该项目所用焊接工艺规程的要求。

【案例评析】

1. 现场焊工焊接质量意识淡薄，未执行焊接工艺规程的要求随意施焊。施工单位焊接工程师对标准规范研究不够深入，对影响焊接工艺评定的重要变素、附加重要变素理解不够，对多道焊改为单道焊的危害未引起足够重视。

2. 施工单位项目质量保证体系未严格执行，施工前技术交底不明确，焊接工艺和焊接检验制度失控。

3. 监理单位专业监理工程师对现场焊接工艺纪律检查控制不严格，未能采取有效的管理措施。

【问题处置】

1. 工程质量监督机构对该问题施工单位下达《建设工程质量问题整改通知书》，责令限期整改。

2. 施工单位应对焊工再次进行技术交底，对该焊工所焊填充层打磨后重新焊接，并对焊缝进行无损检测。

3. 施工单位应加强现场焊接管理，严格执行质量保证体系，切实保证焊接质量。

4. 监理单位应加强现场焊接过程中的质量检查，加大管道焊接过程中的检查力度和焊接全过程监管。

【经验教训】

1. 低温不锈钢管道对冲击韧性要求较高，多道焊改为单道焊是焊接工艺评定的附加重要变素之一，会引起焊接热输入较大增加，对管道焊缝的冲击韧性造成危害，影响工艺管道的安全运行。

2. 焊接工艺纪律检查是质量监督检查的重点内容，质量监督人员可重点关注现场施焊过程是否符合所依据的焊接工艺规程要求，如预热温度、层间温度、焊接方法等。

案例 11　焊接工艺方法变更问题

【问题描述】

2021 年 7 月，江苏省盐城市某液化天然气项目。质量监督工程师在检查时，发现接收站工程工艺区管道现场 $\varnothing 914\times 9.53$ 不锈钢管道焊接采用 GTAW＋SMAW 焊接方法，所依据的焊接工艺规程制定的焊接方法为 GTAW 焊接。

【监督依据】

该问题不符合《现场设备、工业管道焊接工程施工规范》（GB 50236—2011）第 5.0.10 条“工程产品施焊前，应根据焊接工艺评定报告编制焊接工艺规程，用于指导焊工施焊和焊后热处理工作”的规定。

【案例评析】

1. 本案例中管道焊接可以采用 GTAW＋SMAW 焊接方法，但需有相应的焊接工艺评定报告支持，并编制适用的焊接工艺规程。本案例暴露出施工单位对项目质量保证体系未严格执行，未重视焊接工艺规程的指导作用，施工前技术交底不明确，焊工未依据审批的焊接工艺规程施焊，技术管理人员未及时发现现场存在的问题，焊接工艺和焊接检验环节失控。

2. 监理单位专业监理工程师对现场焊接工艺纪律检查控制不严格，未能采取有效的管理措施。

【问题处置】

1. 工程质量监督机构对该问题施工单位下达《建设工程质量问题整改通知书》，责令限期整改。

2. 针对该问题要求施工单位加强焊前技术交底工作，加强现场焊接工艺纪律的检查，监理单位专业工程师加强现场焊接的巡监，发现问题及时叫停。

【经验教训】

1. 现场焊接方法与编制的焊接工艺规程不一致，焊接工艺规程未起到指导现场施工的作用，现场焊接方法未经焊接工艺评定亦无法保证焊接接头性能符合要求，给管道运行带来一定的质量隐患。

2. 焊接工艺纪律检查是质量监督检查的重点内容，质量监督人员可重点关注现场施焊过程是否符合所依据的焊接工艺规程要求，如预热温度、层间温度、焊接方法等。

案例 12　弯头角度不符合要求

【问题描述】

2020 年 9 月，江苏省盐城市某长输管道项目。质量监督工程师在对该项目作业现场检查的过程中，发现某部位使用的热煨弯头角度为 18°，与设计图纸 12°39′不符，此弯头替换未经设计确认。

【监督依据】

该问题不符合设计文件及《压力管道规范　长输管道》（GB/T 34275—2017）第 4.3.2.7 条“管道线路用的热煨弯管、冷弯弯管的外观和主要尺寸应按表 13 的要求执行，热煨弯管弯曲半径大于 1000 mm 时，允许偏差为±0.5%”的规定。

【案例评析】

1. 施工单位未经设计单位同意，擅自替换弯头角度进行施工，反映出该单位施工随意性强，质量控制意识不足。

2. 监理单位未派员严格监督检查，巡监过程中也未及时发现问题并予以制止，存在监管不到位的情形。

【问题处置】

1. 工程质量监督机构对该问题施工单位下达《建设工程质量问题整改通知书》，责令限期整改。

2. 施工单位立即对此弯头进行割口处理，选择角度适宜的弯头进行更换。

3. 监理单位派专员对现场整改情况进行检查、复核，并如实做好记录。

【经验教训】

1. 长输管道项目使用弯头类型及弯头角度较多，未经设计单位同意随意变更弯头给管道运行带来较大的质量隐患。

2. 质量监督人员现场检查时应核对所用弯头的外观、主要尺寸、弯曲角度等是否符合设计文件要求。

案例 13　预热温度不足即打火开焊

【问题描述】

2018 年 11 月，天津市滨海新区某天然气管网项目。质量监督工程师在对该项目焊接现场检查中，发现一道焊口预热温度尚未达到要求即开始焊接。

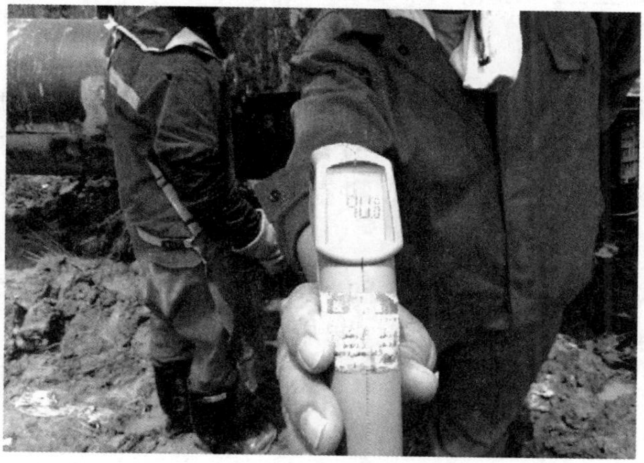

【监督依据】

该问题不符合焊接工艺规程中的“预热温度应≥100 ℃”的要求。

【案例评析】

1. 该问题反映出施工单位作业人员焊前烘烤意识淡薄，未严格执行焊接工艺规程的要求，导致焊前预热温度不足即打火开焊。

2. 监理单位专监人员未对该焊口预热情况进行监督检查，对现场作业情况把关不严。

【问题处置】

1. 工程质量监督机构对该问题施工单位下达《建设工程质量问题整改通知

书》，责令限期整改。

2. 施工单位立即停止此道焊口的焊接作业，切割修磨后重新预热并施焊，同时加强对焊接机组的焊接技术交底，严格控制预热温度、层间温度及焊接工艺参数范围。

3. 监理单位派专员对现场整改情况进行检查、复核，并如实做好记录。

【经验教训】

1. 长输管道焊前预热可以降低冷却速度，降低焊接残余应力，预热温度不足导致局部拘束应力，易出现裂纹等缺陷，给管道的安全运行带来较大质量隐患。

2. 质量监督人员现场检查时应重点关注焊接工艺纪律执行情况，如焊前预热温度控制、层间温度控制、焊后热处理、焊接作业环境的检测及焊接工艺参数的选择等。

案例 14　质量验收资料滞后且部分缺失

【问题描述】

2019 年 3 月，广西壮族自治区防城港市某长输管道项目。质量监督工程师在对该项目工程质量验收资料的检查过程中，发现其管道工程检验批、分项、分部质量验收资料与工程进展不同步，并存在部分质量验收资料缺失的问题。

【监督依据】

该问题不符合《石油天然气建设工程施工质量验收规范　通则》（SY 4200—2007）第 8.2 条“石油天然气建设工程质量验收应按检验批、分项工程、分部（子分部）工程、单位（子单位）工程依次进行”的规定。

【案例评析】

1. 施工单位对《石油天然气建设工程施工质量验收规范　通则》（SY 4200—2007）逐级质量验收的程序和概念不重视，导致遗漏了部分环节的质量验收，未及时组织检验批的质量验收。

2. 监理单位未按规范要求对质量验收程序进行监管，对检验批的质量验收未予以把关。

【问题处置】

1. 工程质量监督机构对该问题施工单位下达《建设工程质量问题整改通知书》，责令限期整改。

2. 施工单位立即对已完项目组织验收，并全面形成质量验收记录。

3. 监理单位对该问题的整改情况进行检查、复核，并按照规范要求组织验收。

【经验教训】

1. 长输管道工程的质量验收工作包括检验批、分项工程、分部工程、单位工程，未按规范要求逐级及时开展验收工作并形成有关记录，不利于项目质量管理，造成较大质量隐患。

2. 质量监督人员应重点关注项目验收程序的执行情况及验收与施工过程的同步性。

案例 15　管沟验收不符合规范要求

【问题描述】

2019 年 9 月，福建省宁德市某天然气管网项目。质量监督工程师在对该项目焊接作业现场检查的过程中，发现管沟内存在石块，局部存在积水未及时外排，且某部位管沟已出现塌方。

【监督依据】

该问题不符合《油气长输管道工程施工及验收规范》（GB 50369—2014）第 12.1.2 条“下沟前，应复查管沟深度，清除沟内塌方、石块、积水、冰雪等异物”的规定。

【案例评析】

1. 施工单位焊接作业机组在接收管沟时未对管沟交付质量进行复查，以致对下一工序作业埋下了质量与安全隐患。

2. 监理单位未按规范要求对管沟进行复验，对工序交接的质量未予以把关。

【问题处置】

1. 工程质量监督机构对该问题施工单位下达《建设工程质量问题整改通知书》，责令限期整改。

2. 施工单位焊接作业机组对现场管沟进行了塌落土方与石块的清理，对沟内积水进行了外排处理，并对焊接作业机组进行了二次技术交底。

3. 监理单位对现场管沟整改情况进行检查、复核，按照规范要求严格验收。

【经验教训】

管沟质量影响着布管、焊接作业及管道运行的安全。管沟开挖作业时，一定要根据不同地段的土壤类别，严格按照规范与设计要求进行开挖。质量监督人员应重点关注管沟开挖的坡度、开挖深度、管沟内土质等。

第六章 电气工程案例

案例 1 配电箱存在未经批准的修改问题

【问题描述】

2021 年 6 月，天津市滨海新区临港工业区某项目。质量监督工程师在对三标段喷漆车间监督检查中，发现爆炸危险区域使用的防爆照明动力配电箱存在如下问题：

1. 该设备（浙江荣上电气科技有限公司 Ex de ⅡB T4 Gb、SYEx19.11138）防爆认证结构为“de 型”，而实际产品在其外壳加装 nA 型插座，存在未经批准的修改。

2. n 型产品在 1 区喷涂车间使用，选型错误。

3. 该产品铭牌无 CCC 标志。

经后期与生产厂家核实，厂家提供的经防爆认证的总装图与实际产品结构不符。

【监督依据】

该问题不符合《爆炸危险环境电力装置设计规范》(GB 50058—2014)第5.2条“爆炸性环境电气设备的选择”的规定，违反《国家市场监督管理总局关于防爆电气等产品由生产许可转为强制性产品认证管理实施要求的公告》(2019年第34号文)的规定，不符合防爆产品认证要求。

【案例评析】

1. 防爆电气设备实行取证（防爆合格证）后生产，厂家生产设备未严格按照认证的产品进行生产，存在未经批准的修改；另外对于设备的选型，设计文件仅划分危险区域1区，未明确设备的防爆形式，导致施工单位及监理单位未及时发现设备选型问题。

2. 该问题也反映出施工单位、监理单位对防爆电气知识掌握薄弱，不能有效辨识防爆产品的质量问题，未能在设备入场验收时及时发现隐患并要求整改。

【问题处置】

1. 工程质量监督机构对该问题施工单位下达《建设工程质量问题整改通知书》，责令限期整改。

2. 要求施工单位尽快联系厂家，要求厂家按照设计文件中危险区域的划分要求，对设备进行整改或者更换。

3. 要求施工单位和监理单位及时配备具备防爆电气知识的专业工程师或对现有工程师进行防爆电气知识培训，加强防爆电气设备的管控。

【经验教训】

1. 防爆电气设备为取证后生产，为满足设计的功能要求，供货商重新取证周期长且设备费用增加，综合考虑上述因素，厂家供货产品存在未经批准修改的问题较多，质量监督工程师要重视该类问题，加强项目防爆电气设备质量的把控。

2. 加强项目专业工程师防爆电气知识的培训，切实做到防爆电气质量的管控。

案例2　防爆电机选型问题

【问题描述】

2021年4月，广东省惠州市大亚湾石化区某项目。质量监督工程师对焚烧单元部分异步电动机检查时，发现电动机防爆选型为Exd ⅡB T4 Gb，燃料气中有氢气成分，为ⅡC级危险气体，设计选用ⅡB类防爆电机是否能满足要求，需要设计进行确认。

【监督依据】

《危险场所电气防爆安全规范》(AQ 3009—2007) 附录B中气体或蒸气爆炸性混合物分级、分组举例如下:

ⅡC		
151	氢	H_2
152	乙炔	C_2H_2
153	二硫化碳	CS_2

氢气属于ⅡC级气体,根据设备选型要求,ⅡC级气体环境需选用ⅡC级设备的要求。

气体/蒸气分类与设备类别间的关系	
气体/蒸气分类	设备类别
ⅡA	ⅡA、ⅡB或ⅡC
ⅡB	ⅡB或ⅡC
ⅡC	ⅡC

【案例评析】

1. 按照《危险场所电气防爆安全规范》(AQ 3009—2007) 的要求,氢气属于ⅡC级气体,初步判断该混合气体为ⅡC类环境,设计单位在防爆电机选型时,未充分考虑装置运行过程中燃料气的组分,导致防爆电机选型为ⅡB类,初步判断无法满足危险气体环境的要求。

2. 建设单位、设计单位、防爆电机供货厂家未充分进行沟通,未明确燃料气组分的前提下,确定设备选型,存在不匹配风险。

3. 该问题反映出施工单位、监理单位未认真进行图纸会审,未能及时发现有关防爆设备的选型问题,未能及时发现设计问题。

【问题处置】

1. 工程质量监督机构对该问题设计单位下达《建设工程质量问题整改通知书》，责令限期整改。

2. 要求施工单位通过工程联络单同设计单位进行沟通。

3. 要求设计单位根据燃料气组分进行气体最大试验安全间隙核算，进一步明确燃料气所涉及危险区域的级别。

【经验教训】

1. 防爆电气设备的选型一定要与危险类气体环境相匹配，否则防爆电气设备无法满足危险类气体环境的要求，质量监督工程师检查过程中不能仅限于产品本身的质量，更要关注设备选型与危险类气体环境的匹配性。

2. 对于设计文件，各方责任主体要认真做好图纸会审，切实发挥作用，将设计存在的问题及时解决。

3. 各方责任主体要关注电气防爆的细节问题，同时建设单位与设计单位在设计准备阶段做好沟通。

案例 3 断接卡未按图纸施工问题

【问题描述】

2020 年 12 月，广东省惠州市大亚湾石化区某项目。质量监督工程师对辅助生产用房防雷接地工程检查时，发现防雷引下线断接卡的施工与设计文件要求不符，通过现场对施工人员的询问，发现施工人员并不清楚图纸的具体要求，故造成未按图施工。

【监督依据】

设计文件要求，建筑物防雷利用建筑物柱内 2 根不小于∅16 mm 的主钢筋做引下线，在距地面 0.5 m 处设置断接卡，断接卡以下采用热浸镀锌扁钢 —50 mm×5 沿墙暗敷至室外接地装置。

【案例评析】

1. 设计文件对防雷引下线断接卡的做法有明确要求，施工单位施工过程中技术人员对作业人员的技术交底流于形式，作业人员未能严格按照设计图纸要求进行施工作业。

2. 该问题反映出施工单位未严格落实三检制度，监理单位未认真履行监理职责。

【问题处置】

1. 工程质量监督机构对该问题施工单位下达《建设工程质量问题整改通知书》，责令限期整改。

2. 要求施工单位严格按照设计图纸要求进行防雷引下线断接卡施工。

3. 要求监理单位加强对施工质量的把控，切实履行监理职责。

【经验教训】

1. 防雷工程涉及人身及电仪设备安全问题，一定要严格按照图纸的要求进行施工，以保证防雷措施的有效性，质量监督工程师对涉及人身安全的部位要严格把关施工质量。

2. 施工单位要认真执行三检制度，监理单位要认真履行监理职责，保证质保体系有效运转。

案例 4　接地扁钢漏敷的问题

【问题描述】

2021 年 3 月，广东省惠州市大亚湾石化区某项目。质量监督工程师对废液罐区南侧两台电机检查时，发现基础附近路面已经施工完毕，但未敷设接地扁钢，电机外壳无法做保护接地。

【监督依据】

该问题不符合《电气装置安装工程　接地装置施工及验收规范》(GB 50169—2016)第 3.0.4 条“电气设备的金属底座、框架及外壳和传动装置均必须接地”的规定。

【案例评析】

1. 设计文件存在漏项，施工单位、监理单位图纸会审时未认真审查设计文件存在的问题。

2. 施工过程中，施工单位未及时发现两台电机的底座和外壳无法做保护接地。

【问题处置】

1. 工程质量监督机构对该问题施工单位下达《建设工程质量问题整改通知书》，责令限期整改。

2. 要求施工单位及时破除路面，从附近的接地网引出接地扁钢，做好设备外壳和底座的保护接地。

3. 要求监理单位及时督促施工单位进行整改，并对整改结果进行检查确认。

【经验教训】

1. 电气设备外壳的保护接地涉及人身安全，装置运行过程中会发生设备外壳漏电引发的人身触电事故，因此设备外壳的保护接地应引起质量监督工程师足够的重视，将设备外壳接地的隐患消除在工程建设阶段。

2. 该问题主要反映出施工单位、监理单位对图纸会审流于形式，各方要重视图纸会审工作。

3. 施工人员、监理人员要加强对规范的理解学习，切实在施工过程中起到质量把关、查漏补缺的作用。

案例 5 报验资料与实物不符的问题

【问题描述】

2021 年 10 月，浙江省宁波市大榭开发区某项目。质量监督工程师在检查 LED 防爆灯入场报验资料时，发现到货设备铭牌厂家为北京德瑞铭电气有限公司，入场报验资料中厂家为山东德瑞铭电气有限公司，监理单位未对设备进场进行严格把控。

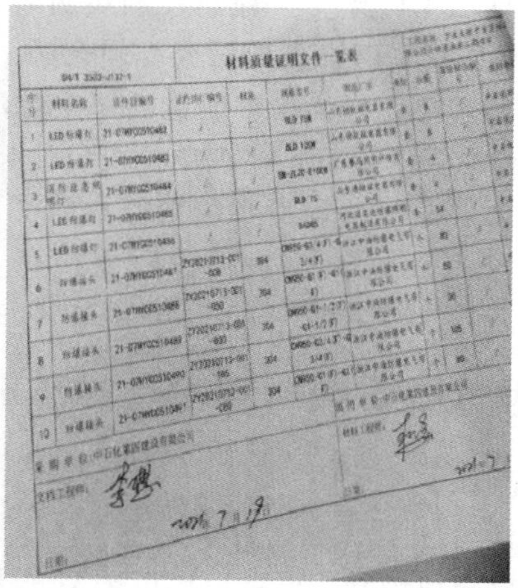

【监督依据】

该问题不符合《建设工程监理规范》(GB 50319—2013) 第 5.2.9 条“项目监理机构应审查施工单位报送的用于工程的材料、构配件、设备的质量证明文件……”的规定。

【案例评析】

1. 该批灯具为施工单位自采设备，施工单位疏于对自采设备的质量把控，未认真审查厂家提供的产品质量证明文件等相关资料。

2. 规范明确要求监理单位应审查设备的质量证明文件，监理单位到货验收流于形式，不能有效起到质量监管作用。

3. 该问题反映出施工单位、监理单位质保体系运行不畅，无法保证工程原材料进场质量。

【问题处置】

1. 工程质量监督机构对该问题施工单位下达《建设工程质量问题整改通知书》，责令限期整改。

2. 要求施工单位及时联系厂家核查设备是否存在质量问题，并要求厂家提供与设备相匹配的质量证明文件，报监理单位审查合格后用于现场施工。

3. 要求监理单位对履职不到位的监理工程师进行撤换或教育，提高职业素养。

4. 要求监理单位认真审查施工单位报审资料，举一反三，切实起到监管作用。

【经验教训】

1. 施工单位作为工程建设的实施者，要提高自身把控工程质量的意识，材料设备的质量证明文件要做到准确无误，是保证工程质量的重要前提。

2. 监理单位作为工程质量的把控者，尤其是在建设单位质量管理人员不足、质量管控薄弱的项目，监理单位更应该起到质量监管的作用。

3. 质量监督工程师必须把好材料、设备的质量关，切实从源头保障工程施工质量。

案例 6　接地扁钢焊接不合规的问题

【问题描述】

2019 年 8 月，湖南省岳阳市云溪区某项目。质量监督工程师在检查乙醇罐区接地扁钢焊接时，发现焊接位置未满焊，有效搭接长度不满足规范要求，且焊后防腐范围长度未达到规范要求。

【监督依据】

该问题不符合《电气装置安装工程 接地装置施工及验收规范》(GB 50169—2016)第 4.3.3 条“热镀锌钢材焊接时，在焊痕外最小 100 mm 范围内应采取可靠的防腐处理”及第 4.3.4 条第 1 款“接地线采用电弧焊连接时应采用搭接焊缝，扁钢的搭接长度应为其宽度的 2 倍且不得少于 3 个棱边焊接”的规定。

【案例评析】

1. 规范对于接地扁钢的焊接做法有明确的要求，施工单位技术人员未对作业人员进行有效的技术交底，施工作业人员追求施工进度，未能有效执行规范的要求。

2. 该问题反映出施工单位作业人员责任心不强，未严格按照技术交底及规范要求进行作业，监理单位未严格按照规范要求对扁钢焊接质量进行监管。

【问题处置】

1. 工程质量监督机构对该问题施工单位下达《建设工程质量问题整改通知书》，责令限期整改。

2. 要求施工单位将该类问题全面排查，对存在焊接问题的扁钢割开并严格按照规范要求进行焊接防腐，并报监理单位检查。

3. 要求监理单位督促施工单位及时整改，并对整改结果进行检查确认。

【经验教训】

1. 施工中技术人员的技术交底工作对施工的质量把控起着关键的作用，施工单位要重视技术交底，落实三检制度，规范作业人员的工作。

2. 接地工程作为隐蔽工程，焊接质量的好坏直接关乎接地工程的施工质量，质量监督工程师要加强对隐蔽工程验收的管控。

3. 施工单位施工人员应增强责任心，监理单位专业监理工程师在施工中应加强巡视，认真履职。

案例 7 操作柱电缆密封问题

【问题描述】

2018 年 4 月，广东省惠州市石化区某项目。质量监督工程师在检查电机防爆操作柱时，发现一个电缆引入装置内密封两根电缆，不符合设计文件及规范的要求。

【监督依据】

该问题不符合《电气装置安装工程　爆炸和火灾危险环境电气装置施工及验收规范》（GB 50257—2014）第 5.2.3 条第 3 款“电缆引入装置或设备进线口弹性密封圈的一个孔，应密封一根电缆”及设计文件“防爆操作柱内为两个电缆引入装置”的规定。

【案例评析】

1. 建设单位未认真研读设计文件，导致采办的操作柱不符合设计文件要求。

2. 设计文件和规范对防爆操作柱的电缆引入装置都有明确要求，该防爆操作柱为建设单位采购，施工单位和监理单位对于甲采设备的质量疏于把控，未在设备开箱验收时认真核对是否符合设计文件要求。

3. 施工过程中，施工作业人员未严格按照规范要求进行施工，监理单位未对施工质量进行有效监管，对于发现的操作柱不符合设计要求的问题未及时向建设单位反馈。

【问题处置】

1. 工程质量监督机构对该问题建设单位下达《建设工程质量问题整改通知书》，责令限期整改。

2. 要求建设单位按照设计文件的要求重新采购设备。

3. 要求监理单位、施工单位加强开箱验收管理，施工单位严格按照规范要求施工。

【经验教训】

1. 材料设备的质量是工程质量把控的源头，无论甲采还是乙采的设备都应该严格执行开箱验收程序，从源头把控好工程的质量。

2. 加强施工单位作业人员和技术管理人员对标准规范的理解以及防爆电气知识的学习，提高对防爆电气设备的质量管控。

3. 技术人员应加强与采办人员的沟通，确保采办质量。

4. 项目建设过程中应杜绝层层把关、层层不严的现象。

案例 8　隔爆型电气设备间隙超差、无隔爆结构问题

【问题描述】

2020 年 9 月，广东省惠州市大亚湾石化区某项目。质量监督工程师在装置区内检查时，发现消防炮配套阀门电动执行机构，泵吸式可燃气体检测器所配装的防爆接线盒，隔爆腔止口隔爆面间隙超差，实测均大于 0.2 mm，消防炮配套防爆照明（动力）配电箱，隔爆腔控制面板电气元件为塑料材质且在面板开通孔后通过塑料备母紧固的方式安装，隔爆腔主开关安装底座未满焊，另外，该区域防爆配电装置隔爆控制腔蜂鸣器进线孔穿透隔爆外壳。

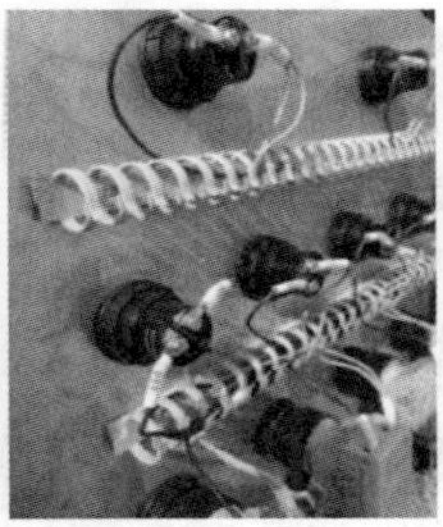
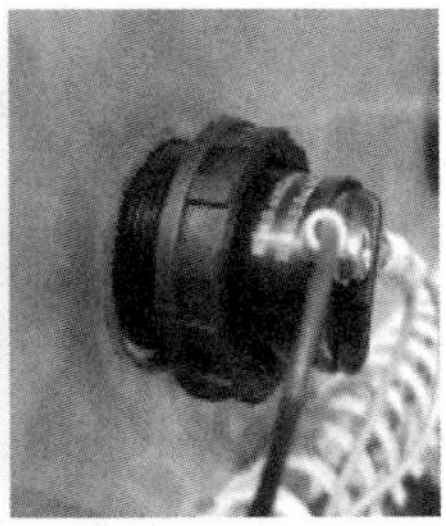
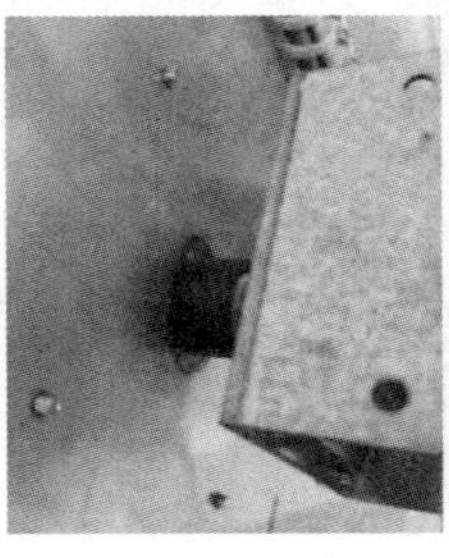

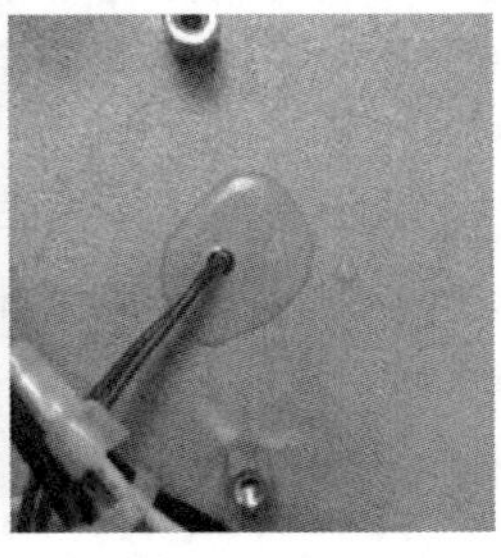

【监督依据】

该问题不符合《爆炸性环境　第 2 部分：由隔爆外壳“d”保护的设备》(GB 3836.2—2010) 表 1 中Ⅰ、ⅡA 和ⅡB 类电气外壳接合面最小宽度和最大间

隙要求：止口接合面ⅡB类产品不同容积下及接合面最小宽度要求下，最大间隙为0.2 mm。不符合《电气装置安装工程　爆炸和火灾危险环境电气装置施工及验收规范》（GB 50257—2014）第4.2.1条第3款隔爆型电气设备在安装前隔爆结构及间隙应符合要求的规定。不符合《爆炸性环境　第2部分：由隔爆外壳“d”保护的设备》（GB 3836.2—2010）第3.1条、第3.3条对隔爆外壳、隔爆接合面或火焰通路的定义。

【案例评析】

1. 生产厂商未按规范生产制造。

2. 施工、监理单位未配备具有防爆电气专业检验能力的工程人员及开展防爆电气设备验货的量具，未严格把控进场设备的质量。

3. 建设单位对防爆产品理解为有防爆合格证即为合格产品，忽视证物不符的情况，未对产品质量严格把控。

【问题处置】

1. 工程质量监督机构对该问题施工单位下达《建设工程质量问题整改通知书》，责令限期整改。

2. 要求建设/监理单位复核产品防爆认证情况，按照产品认证结构返厂重新加工或直接更换为符合现场使用要求的新的防爆电气产品。

3. 要求施工单位及监理单位配备专职或兼职具备防爆电气检验能力的专业技术人员，并严格把控设备进场质量。

4. 要求监理单位跟进问题整改情况，并及时进行复核。

【经验教训】

1. 石油石化项目爆炸危险区域涉及各种型式的防爆电气产品，隔爆型防爆电气产品依靠间隙防爆，其外壳能够承受通过外壳任何接合面或结构间隙进入外壳内部的爆炸性混合物在内部爆炸而不损坏，并且不会引起外部爆炸性气体环境的点燃，是比较常见的一类设备。作为质量监督巡监重点，监督人员必须关注此类设备的结构并进行必要的间隙测量。

2. 产品隔爆接合面间隙超差、无隔爆结构将会产生较大的质量隐患。质量监督人员应配备经校准合格的测量工具，对隔爆产品的相关关键部位进行科学测量，其中至少包括平面/止口隔爆面间隙、轴/操纵杆圆筒隔爆面间隙。

案例9　增安型产品接线端子非Ex元件问题

【问题描述】

2020年9月，广东省惠州市大亚湾石化区某项目。质量监督工程师在装置区内检查时，发现防爆操作柱增安腔内接线端子无任何防爆信息，为普通电气元件。

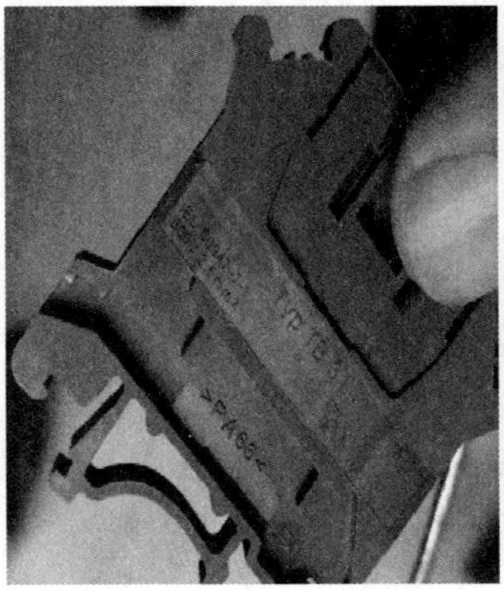

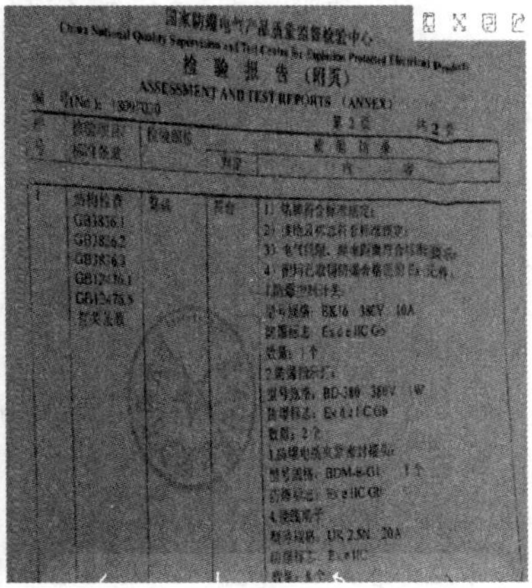
检 验 报 告（附页）
ASSESSMENT AND TEST REPORTS (ANNEX)

【监督依据】

经核查该产品经防爆检验中心盖章的检验报告，该操作柱所用接线端子不是经过防爆认证的、防爆信息齐全的 Ex 元件。

【案例评析】

1. 生产厂商为降低生产成本，采用普通接线端子代替防爆端子，以次充好，此类问题在建设阶段发生率较高且多发生在电机操作柱接线腔内。

2. 监理单位验收人员认为随机资料只要有防爆合格证，产品就是合格产品，未对随机资料检验报告的内容进行仔细核查，未严格把控进场设备质量。

3. 监理/施工单位技术人员在验收此类产品时，仅关注设备整体外壳的铭牌防爆信息，未关注内部 Ex 元件的铭牌信息。

【问题处置】

1. 工程质量监督机构对该问题施工单位下达《建设工程质量问题整改通知书》，责令限期整改。

2. 要求监理/施工单位复核产品防爆认证情况，并按要求通知供货商将防爆操作柱增安腔内普通接线端子更换为防爆接线端子。

3. 要求监理单位跟进问题整改情况，并及时进行复核。

【经验教训】

1. 石油石化项目爆炸危险区域涉及的具有增安结构的防爆电气产品接线腔内，接线端子一般为 Ex 元件。使用普通接线端子替换防爆接线端子，端子间的电气间隙、爬电距离、端子的介电强度及漏电起痕指数等无法得到保障。质量监督人员在巡监过程中，应着重对增安型防爆电气产品配套 Ex 元件的防爆认证情况进行关注。

2. 因增安型防爆电气产品结构相对简单，现场检查无太多可行有效的试验或测量手段，质量监督人员应重点核查此类设备检验报告或认证图纸内容，以确定相应电器元件的防爆认证情况。

案例 10　冗余孔封堵及电缆引入问题

【问题描述】

2020 年 9 月，广东省惠州市大亚湾石化区某项目。质量监督工程师在装置区内检查时，发现阀门电动执行机构引入电缆为铠装电缆，电缆引入装置无压铠结构，引入电缆铠装层未压接接地，部分隔爆设备冗余电缆孔未封堵或使用的防爆丝堵规格型式与冗余孔不匹配，有效啮合扣数不足 5 扣；部分防爆电机进线电缆未压紧密封。

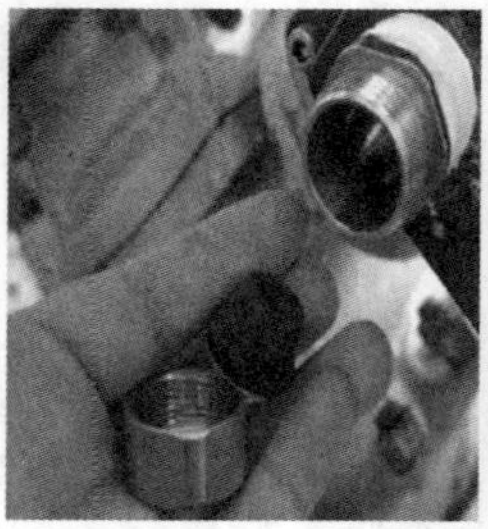

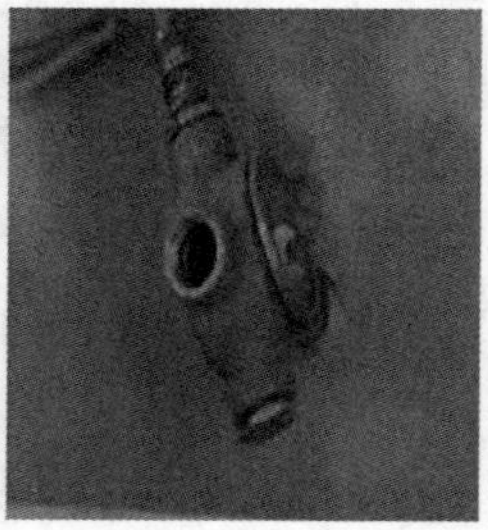

【监督依据】

以上问题不符合《电气装置安装工程　爆炸和火灾危险环境电气装置施工及验收规范》(GB 50257—2014) 第 7.1.8 条“铠装电缆引入电气设备时，其接地线应与设备内接地螺栓连接；钢带及金属外壳应与设备外壳的接地螺栓连接”的规定。不符合《电气装置安装工程　爆炸和火灾危险环境电气装置施工及验收规范》(GB 50257—2014) 第 4.1.4 条“防爆电气设备的进线口与电缆、导线引入连接后，应保持电缆引入装置的完整性和弹性密封圈的密封性，并应将压紧元件用工具拧紧，且进线口应保持密封。多余的进线口其弹性密封圈和金属垫片、封堵件应齐全，且安装紧固，密封良好”的规定。不符合《爆炸性环境　第 2 部分：由隔爆外壳“d”保护的设备》(GB 3836.2—2010) 表 3 圆柱形螺纹接合面、表 4 锥形螺纹接合面啮合螺纹扣数 (5 扣) 的规定。

【案例评析】

1. 施工单位施工人员对危险区域防爆电气设备安装标准要求理解不深，防爆意识淡薄，施工作业贪快降质。

2. 施工单位针对爆炸危险区域防爆电气设备安装施工技术交底不够深入。

3. 监理单位现场把控不严，未尽责履职。

【问题处置】

1. 工程质量监督机构对该问题施工单位下达《建设工程质量问题整改通知书》，责令限期整改。

2. 要求施工单位落实责任，立即整改，保证施工技术交底层层到位，加强现场质量管理。

3. 要求监理单位做好现场履职，跟进问题整改情况，并及时进行复核。

【经验教训】

1. 爆炸危险区域防爆电气设备未按标准要求进行安装，部分条件下会造成设备整体处于失爆状态，形成质量隐患。项目现场应加强施工单位及监理单位相关人员的防爆电气技术知识的培训。作为质量监督人员，应熟悉相关防爆电气安装施工标准，明白各类防爆电气爆炸原理，从而快速发现问题根源所在。

2. 质量监督人员对于现场防爆设备安装检查的重点，应集中关注电缆进线的夹紧密封、铠装电缆的铠装接地、冗余电缆孔的封堵情况。能够判断不同防爆型式下电缆引入装置与引入电缆配合使用情况，铠装电缆的引入装置应具有压铠结构。能够根据冗余电缆孔的引入结构区分配备防爆丝堵或者普通丝堵。

案例 11　复合型产品（常见“de”型）中间过线孔封堵问题

【问题描述】

2020 年 9 月，广东省惠州市大亚湾石化区某项目。质量监督工程师在装置区内检查时，发现防爆配电装置隔爆腔与增安腔中间过线孔未分线浇封，且使用普通胶泥封堵。

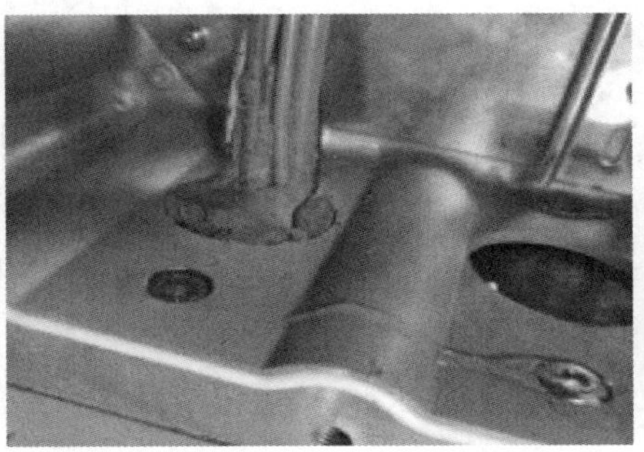

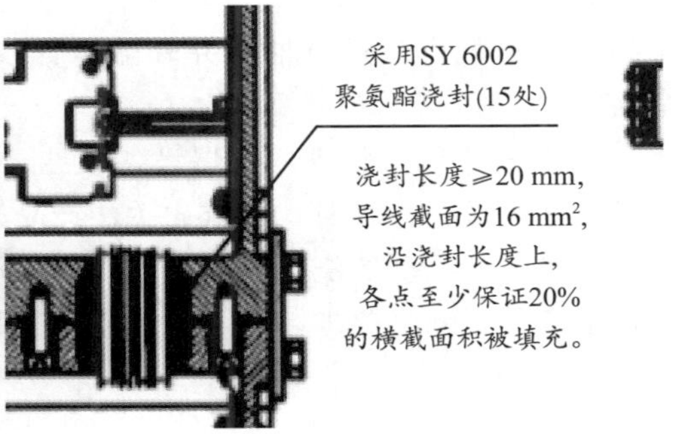

【监督依据】

以上问题不符合《爆炸性环境　第2部分：由隔爆外壳“d”保护的设备》（GB 3836.2—2010）第3.10条对压力重叠的定义；不符合《爆炸性环境　第2部分：由隔爆外壳“d”保护的设备》（GB 3836.2—2010）附录C隔爆外壳引入装置的附加要求C.2.1密封方法的规定（这些规定的数值应保证沿密封填料长度20 mm各点上至少20％的横截面积被填料填充）；不符合防爆认证总装图纸认证结构（采用SY 6002聚氯酯浇封，浇封长度≥20 mm，沿浇封长度上，各点至少保证20％的横截面积被填充）的规定。

【案例评析】

1. 生产厂家未按要求进行分线浇封，在生产过程中，对于过线孔的分线及浇封是一项比较烦琐的工序，为缩短生产时间，厂家图省事使用普通胶泥进行替代封堵。

2. 施工、监理单位未对进场设备进行严格质量把控，技术人员对防爆标准了解不够深入。

【问题处置】

1. 工程质量监督机构对该问题施工单位下达《建设工程质量问题整改通知书》，责令限期整改。

2. 要求施工单位落实责任，联系供货厂家及时进行整改，并加强设备进场质量管理。

3. 要求监理单位做好现场履职，跟进问题整改情况，并及时进行复核。

【经验教训】

1. 爆炸危险区域复合型（常见“de”型）防爆电气设备中间过线孔未按要求分线浇封，特定条件下，爆炸性气体混合物会由于在外壳的一个空腔或间隔内发生点燃，造成另一个空腔或间隔内被预压的气体混合物点燃时压力（压强）升高，产生更大的爆炸能量。质量监督人员在巡监检查过程中，应对复合型的防爆电气产品进行抽检并开盖检查，避免箱体内部安装的不符合项检查不全面。

2. 带有中间过线孔的防爆设备常见于防爆照明开关控制箱、组合开关柜等，质量监督人员在检查时，应首先关注产品过线孔的分线情况，是否安装有分线板元件，对于分线后的浇封，监督人员应采用游标卡尺进行测量计算，确定其有效浇封深度是否满足要求，而不应该仅凭肉眼进行观察。

案例 12　危险区域存在中间接头问题

【问题描述】

2020 年 10 月，浙江省宁波市某 LNG 项目。质量监督工程师在工程中间交接检查时，发现危险区域分析小屋（一般为 1 区）内穿线盒中存在电缆芯线中间接头。

【监督依据】

此问题不符合《电气装置安装工程　爆炸和火灾危险环境电气装置施工及验收规范》（GB 50257—2014）第 5.1.1 条第 3 款“在 1 区内电缆线路严禁有中间接头，在 2 区、20 区、21 区内不应有中间接头”的规定。

【案例评析】

1. 施工单位及分析小屋供货厂家专业人员对危险区域防爆电气设备安装标准理解不深，防爆意识淡薄。

2. 分析小屋供货厂家用穿线盒代替防爆接线盒主要为了节省成本，并为其他元件的安装节省空间。

3. 施工单位及监理单位未严格把控进场设备质量，存在检查漏项。

【问题处置】

1. 工程质量监督机构对该问题施工单位下达《建设工程质量问题整改通知书》，责令限期整改。

2. 要求施工单位落实整改责任，联系分析小屋供货厂家及时进行整改，并加强设备进场质量管理。

3. 电缆芯线中间接头部位按要求加装或替换为防爆接线盒。

4. 要求监理单位做好现场履职，跟进问题整改情况，并及时进行复核。

【经验教训】

爆炸危险区域存在中间接头，在中交阶段，工艺装置无生产介质，不会形成爆炸环境，但投产之后，该类问题若依然存在，依据相关要求，或可构成重大生产安全事故隐患。质量监督人员在检查过程中，对于现场的各类穿线盒应进行必要的抽检，以确定危险区域是否存在中间接头的情况。特别是对于空间位置比较有限、防爆接线盒安装困难的位置，尤其进行关注。

案例 13　使用假冒伪劣产品问题

【问题描述】

2021 年 12 月，天津市某 LNG 项目。质量监督工程师在检查时，发现分析小屋内防爆摄像仪（济南亿慧信息科技有限公司、Exd ⅡC T6 Gb、SYEx17.0529）铭牌无 CCC 标识；壳体隔爆螺纹精度低于 6g/6H 标准要求；透明件为普通塑料材质，未粘接，无防爆结构；按铭牌信息，该产品防爆合格证编号经官网查询，查无此证。经防爆检验中心电话核实，该产品取证单位为江阴市周庄智拓电子厂，初步判定为假冒伪劣产品。

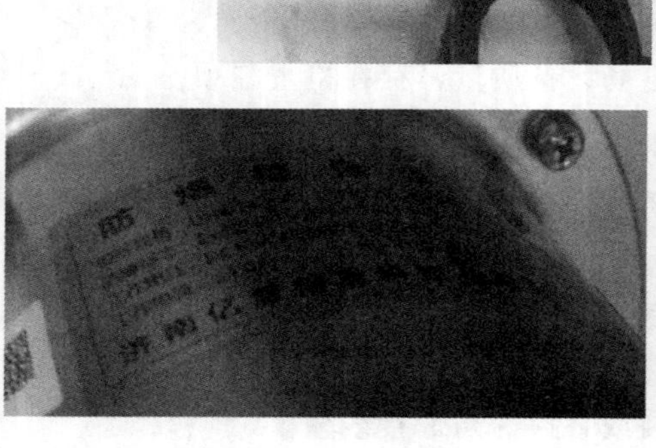

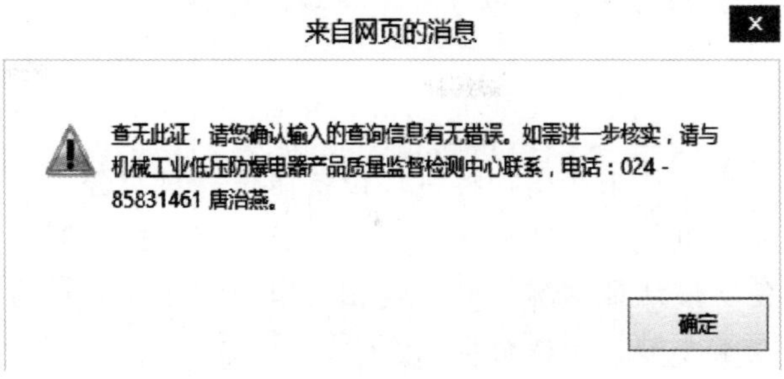

来自网页的消息

查无此证，请您确认输入的查询信息有无错误。如需进一步核实，请与机械工业低压防爆电器产品质量监督检测中心联系，电话：024-85831461 唐治燕。

确定

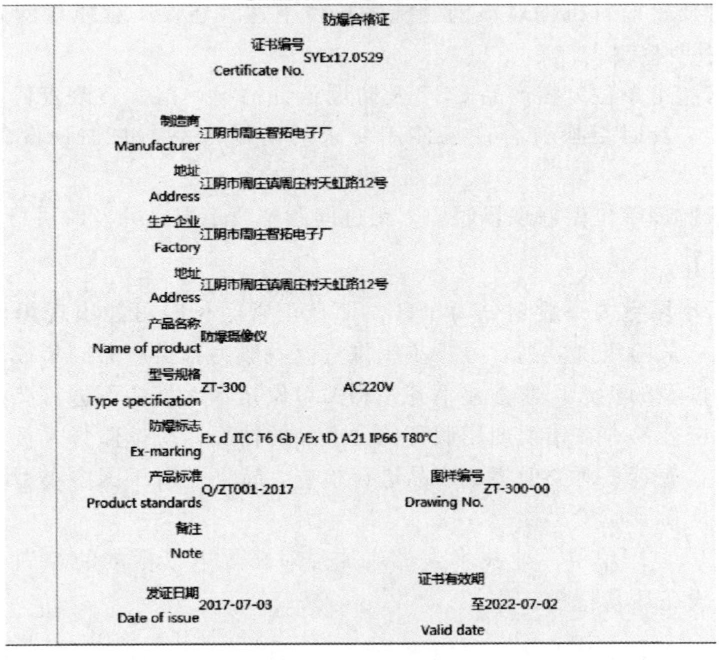

您所查询的产品详细信息如下

防爆合格证

证书编号 Certificate No.：SYEx17.0529

制造商 Manufacturer：江阴市周庄智拓电子厂

地址 Address：江阴市周庄镇周庄村天虹路12号

生产企业 Factory：江阴市周庄智拓电子厂

地址 Address：江阴市周庄镇周庄村天虹路12号

产品名称 Name of product：防爆摄像仪

型号规格 Type specification：ZT-300　AC220V

防爆标志 Ex-marking：Ex d ⅡC T6 Gb /Ex tD A21 IP66 T80℃

产品标准 Product standards：Q/ZT001-2017　图样编号 Drawing No.：ZT-300-00

备注 Note：

发证日期 Date of issue：2017-07-03　证书有效期 Valid date：至2022-07-02

【监督依据】

该问题不符合《强制性产品认证实施规则　防爆电气》（CNCA-C23-01：2019）防爆监控产品（摄像机/仪）应取得CCC认证的规定；不符合《爆炸性环境　第2部分：由隔爆外壳“d”保护的设备》（GB 3836.2—2010）表3螺纹形状和配合等级：按照GB/T 197—2003和GB/T 2516—2003规定的中级或精密公差级，即配合精度不低于6g/6H的规定；不符合《爆炸性环境　第2部分：由隔爆外壳“d”保护的设备》（GB 3836.2—2010）第9条“对于除玻璃以外的透明件，应符合本部分第19章的要求”即非金属外壳和外壳的非金属部件型式试验要求的规定。不符合《爆炸性环境　第2部分：由隔爆外壳“d”保护的设备》

（GB 3836.2—2010）第 3.1 条、第 3.3 条对隔爆外壳、隔爆接合面或火焰通路的定义。

【案例评析】

施工单位及监理单位未严格把控进场设备质量，只对分析小屋进行了整体验收，未对小屋内防爆电气设备产品质量逐个查验，存在检查漏项。未及时在官网查询防爆电气设备防爆认证情况，同时，相关单位专业人员对防爆电气设备防爆合格证取证程序了解不够，未执行最新 CCC 认证目录。

【问题处置】

1. 工程质量监督机构对该问题施工单位下达《建设工程质量问题整改通知书》，责令限期整改。

2. 要求施工单位复核产品 CCC 及防爆认证情况，落实整改责任，联系分析小屋供货厂家及时更换符合现场使用要求的防爆产品，并加强设备进场质量管理。

3. 要求监理单位做好现场履职，跟进问题整改情况，并及时进行复核。

【经验教训】

1. 分析小屋室内一般划分为 1 区，即在正常运行时可能出现爆炸性气体混合物的环境，危险级别较高，分析小屋供货商一般为各类产品的集成商，使用防爆电气产品涉及的生产厂家参差不齐，相关单位技术人员在不进行严格质量把控的情况下，极容易存在错误使用假冒伪劣产品的情况。质量监督人员在进行巡监检查过程中，应着重对类似集成产品进行检查，特别是对于国内小型企业生产的防爆产品，应做到应检尽检。

2. 施工及监理单位专业技术人员应加强对防爆电气标准的培训与学习，做好防爆电气设备质量把控工作。

案例 14　使用套牌伪劣产品问题

【问题描述】

2022 年 5 月，浙江省宁波市北仑区某石油化工项目。质量监督工程师在对所安装的智能区域声光报警装置（江苏红光仪表厂有限公司，铭牌防爆标志为 Exd ⅡC T6 Gb，防爆合格证号为 CE19.3188）检查时发现：

1. 箱体及顶部声光报警器铭牌防爆标志均为“Exd ⅡC T6 Gb”，为纯隔爆型式，而实际防爆结构包含“de”隔爆加增安复合型式，且铭牌均未标注 CCC 标识。

2. 控制箱增安腔内接线端子无任何防爆信息，为普通接线端子。

3. 控制箱隔爆腔与增安腔中间过线孔未浇封。

4. 控制箱隔爆腔顶部电缆引入孔安装底座紧固螺钉穿透外壳。

5. 控制箱隔爆腔普通指示灯及按钮元件在控制面板开通孔后通过塑料备母安装，无防爆结构。

6. 该套报警装置防爆认证等级为“ⅡC”级，控制箱隔爆腔隔爆接合面使用平面接合面，不符合要求。

7. 顶部声光报警器止口隔爆面间隙超差（实测＞0.2 mm），光源腔与接线腔中间止口隔爆接合面长度实测 12.02 mm，小于最低标准要求，光源腔有效隔爆螺纹扣数不足 5 扣，光源腔与接线腔中间过线孔未浇封。

同时对比厂家提供的产品图纸，实际产品结构与图纸结构不符。综合分析以上诸多问题，可初步判定该套产品属于套牌（套用合格产品牌）的伪劣产品。

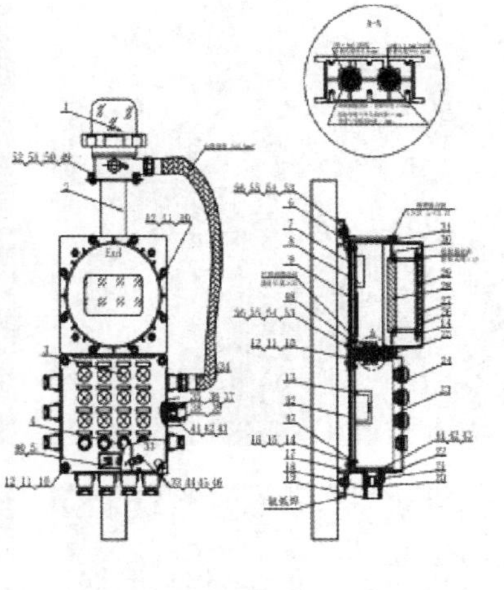

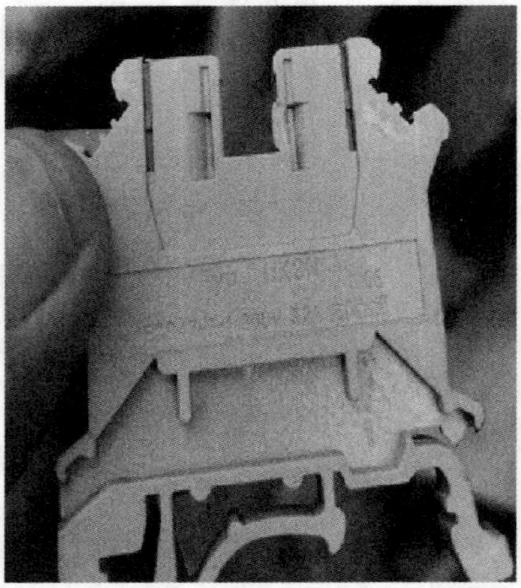

LIGHT WITH PHONE

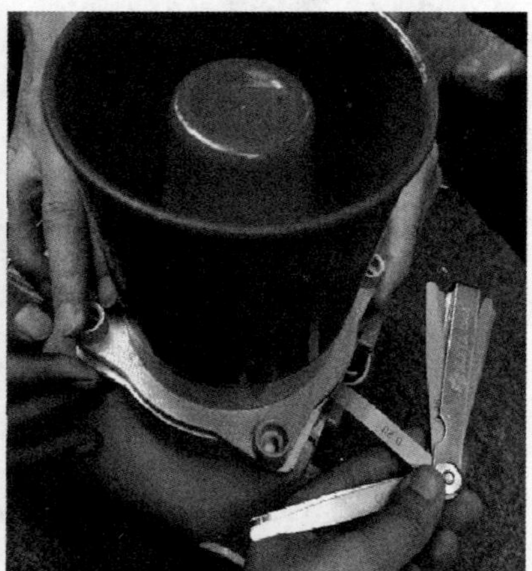

【监督依据】

以上问题不符合《电气装置安装工程　爆炸和火灾危险环境电气装置施工及验收规范》（GB 50257—2014）第 4.2.1 条第 3 款“隔爆型电气设备在安装前隔爆结构及间隙应符合要求”的规定。不符合《爆炸性环境　第 2 部分：由隔爆外壳“d”保护的设备》（GB 3836.2—2010）第 3.1 条、第 3.3 条、第 3.10 条对隔爆外壳、隔爆接合面或火焰通路、压力重叠的定义及附录 C 隔爆外壳引入装置的附加要求 C.2.1 密封方法的规定（这些规定的数值应保证沿密封填料长度 20 mm 各点上至少 20％的横截面积被填料填充），表 2ⅡC 类电气外壳接合面最小宽度和最大间隙要求：止口接合面ⅡC 类产品不同容积下及接合面最小宽度要求下，最大间隙为 0.2 mm；5.2.7 乙炔环境用平面接合面要求等。不符合《强制性产品认证实施规则　防爆电气》相关要求。

【案例评析】

1. 江苏红光仪表厂生产设备时未严格按照其取得认证的产品结构进行生产。

2. 建设单位、监理单位专业人员未能有效辨识防爆产品的质量问题，未能在设备入场验收时及时发现隐患并要求整改。

3. 根据提供的《防爆检测检验及综合技术服务框架协议》服务内容以及《某装置防爆检测服务订单》情况，第三方检验机构产品质量验收把控不足。

4. 现场管理人员及施工人员虽经过相关机构的防爆电气专业知识培训，但人员能力尚有不足，缺乏对防爆电气设备进场验货及安装要求的深度理解。

5. 建设单位建立了防爆电气设备安装管理细则，但相关职能部门及监理方在执行上存在不到位的情况。

【问题处置】

1. 工程质量监督机构对该问题施工单位下达《建设工程质量问题整改通知书》，责令限期整改。

2. 要求不合格产品立即拆除重新采购，要求防爆电气检验单位按照订单服务协议内容尽责履职，做好后续新采购产品的到货验收事宜，并对防爆产品质量做到应检尽检。

3. 建设及监理单位对问题整改情况进行复核跟踪，并按照规范要求组织验收。

【经验教训】

1. 建设/监理单位应加强相关人员防爆电气专业知识的培训，项目现场配备专职/兼职防爆电气专业人员。

2. 加强防爆电气产品质量把控前置管理，保证产品安装前无质量问题，同时，对于质量监督检查人员应尽量在防爆电气设备安装之初进入现场开展巡监工作。

3. 在设计采购阶段，建议除收集产品防爆合格证之外，要求供货厂家提供经防爆检验中心盖章的检验报告，必要情况下（产生质量结构问题时）提供认证图纸，以确保证物合一，避免产生推诿扯皮、延误工期的情况。

4. 确保防爆电气制度体系执行到位，加强防爆电气设备过程管理，完善相关记录，保证资料归档、存档、调取的完整性及有效性。

5. 进一步明确第三方检验单位框架协议服务订单内容的合理性，以确保能覆盖产品质量检验的全部内容。

第七章

仪表安装工程案例

案例 1　防爆区安装的仪表不防爆问题

【问题描述】

1. 2016 年 7 月，广东省惠州市大亚湾区某化工项目。质量监督工程师在对该项目炼油和化工装置监督检查时，发现 16 套大型压缩机、汽轮机组等配套的轴系测温、测振仪表 500 多台/套，存在的问题如下：

（1）机组配套的仪表不防爆。

（2）与这批仪表连接的测量探头和专用电缆也存在不防爆问题。

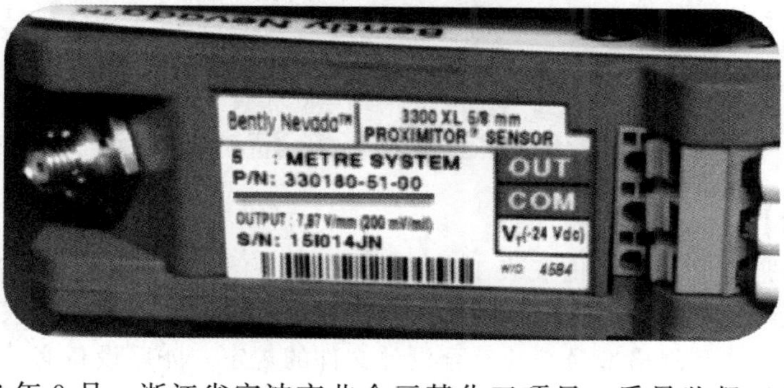

2. 2016 年 9 月，浙江省宁波市北仑区某化工项目。质量监督工程师在对该项目仪表安装工程监督检查时，发现按照该项目设计对防爆区域的划分，催化裂解装置属于防爆 2 区，现场多台随大型鼓风机油冷却器配套的一体化测振动变送器铭牌无防爆信息，属于非防爆产品，选型错误。

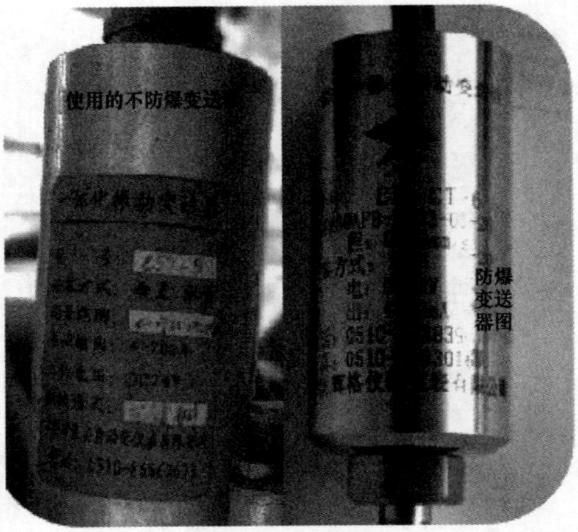

3. 2016 年 9 月，河北省黄骅市中捷某化工项目。质量监督工程师在对仪表安装工程监督检查时，发现一套汽油加氢脱硫装置所在区域为防爆区，现场随机组成套的 50 多台变送器标牌上无本质安全认证代码，无本质安全合格证，不具备设计要求的本质安全功能。

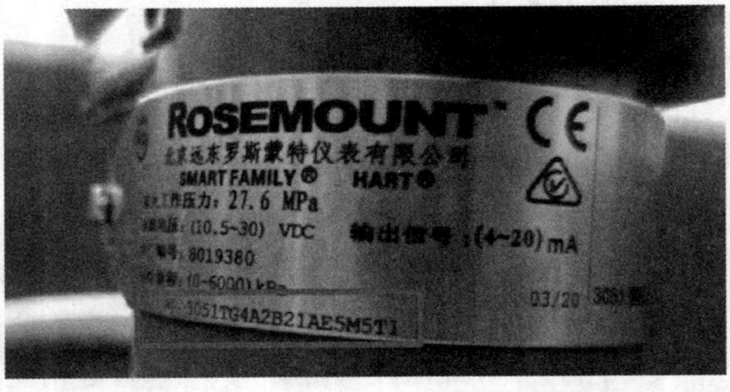

【监督依据】

以上问题违反《自动化仪表工程施工及质量验收规范》（GB 50093—2013）第 10.1.2 条中强制执行条款要求：“安装在爆炸危险环境的仪表、仪表线路、电气设备及材料，其规格型号必须符合设计文件的规定。防爆设备必须有铭牌和防爆标识，并应在铭牌上标明国家授权的机构颁发的防爆合格证编号。”

【案例评析】

1. 设计图纸对安装在防爆区域仪表设备的防爆等级有明确要求，防爆区域安装非防爆仪表，在项目投用后会产生重大的质量安全隐患。

2. 该问题反映出施工单位存在对关键仪表设备进场验收程序未严格落实、未严格执行规范要求，也未执行工序交接制度的情况。监理单位未按规范要求对仪表设备进场质量进行监管，对工序交接的质量未予把关。

【问题处置】

1. 工程质量监督机构对以上 3 个问题责任单位分别下达《建设工程质量问题整改通知书》，责令限期整改。

2. 建设单位对存在质量问题的仪表设备退场并更换满足现场防爆要求的仪表设备。

3. 监理单位对仪表防爆问题整改情况进行检查、复核，按照规范要求组织验收。

【经验教训】

1. 石油化工项目大多数区域为防爆区，为确保仪表设备安全运行，设计规范对防爆区仪表设备选型作了明确要求。为保证仪表设备使用的稳定可靠，对仪表设备安装和密封也作了明确要求。而施工中，许多施工单位对仪表设备的防爆功能不够重视，造成质量缺陷。

2. 自动化仪表工程施工必须要重视仪表设备防爆质量，监督人员在现场检查时，要观察防爆仪表设备的型号、规格、参数是否符合设计要求，另外还要检查防爆仪表设备的相关认证报告是否符合规范要求，发现问题要及时向责任单位提出整改要求。

案例 2　防爆区仪表缺浪涌保护器质量问题

【问题描述】

1. 2016 年 10 月，浙江省宁波市北仑区某化工项目。质量监督工程师在对仪表安装工程监督检查时，发现罐区及公辅区安装的 300 多台变送器未按设计要求配置浪涌保护器。设计文件中明确要求“罐区及公辅区域现场仪表选用带浪涌保护器的仪表”，且技术规格书中明确要求带浪涌保护器。

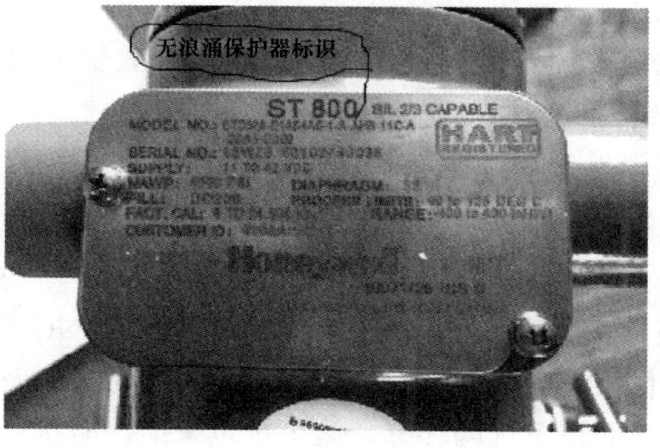

2. 2015 年 9 月，广西壮族自治区防城港市某 LNG 项目。质量监督工程师在对仪表安装工程监督检查时，发现安装在全容罐罐顶的各类（温度、压力、流量等）智能仪表 270 余台，未按设计要求配置浪涌保护器。

【监督依据】

以上两个问题严重违反项目自动化仪表专业设计对仪表设备要求的“罐区及公辅区域现场仪表选用带浪涌保护器的仪表”，且数量巨大。

【案例评析】

1. 项目设计文件对安装在罐区及公辅区域现场的仪表设备本体须配备浪涌保护器有明确要求。该两项目所在区域均为雷暴多发区，因此仪表的浪涌保护器功能对仪表设备的保护尤为重要。以上两个案例中，责任单位未关注自动化仪表工程的防雷问题，以致自动化仪表工程在浪涌保护方面出现了诸多质量问题。

2. 该问题反映出责任单位对使用在雷暴多发区仪表设备浪涌保护功能理解不到位，未严格执行设计要求，也未严格执行设备进场验收制度。监理单位未按设计要求对仪表工程质量进行监管，对仪表本体设备质量未予把关。

【问题处置】

1. 工程质量监督机构对该问题施工单位下达《建设工程质量问题整改通知书》，责令限期整改。

2. 施工单位按照设计要求对仪表设备加装了外置浪涌保护器，有效防止了仪表设备被瞬间雷击造成的质量安全事故。

3. 监理单位对现场仪表工程质量问题整改情况进行检查、复核，按照规范要求组织验收。

【经验教训】

1. 中国海洋石油集团有限公司建设的石油化工、LNG 项目大多数在空旷、沿海地区，为防止仪表设备遭遇瞬间雷击，设计文件对空旷及罐顶仪表设备本体设计了浪涌保护器。而设备选购环节，施工单位未能严格按照设计要求选型，漏选浪涌保护器，这对仪表设备造成质量缺陷。

2. 自动化仪表工程施工必须重视仪表设备浪涌保护器功能，监督人员在现场检查时，要观察仪表设备的型号、规格、参数是否符合设计要求，另外还要检查仪表设备的相关认证报告是否符合规范要求，发现问题要及时向责任单位提出整改要求。

案例 3 防爆区仪表设备、材料材质问题

【问题描述】

1. 2016 年 10 月，浙江省宁波市北仑区某化工项目。质量监督工程师在对某施工单位仪表校验室检查时，发现将使用在防爆区域压力变送器 70 多台，该批变送器本体法兰连接材质为碳钢（镀锌），与设计规格书要求的变送器本体法兰连接材质为 316SS（316 不锈钢，含铬、镍、钼等）不符合。

2. 2015 年 4 月，广东省珠海市高栏港某精细化工项目。质量监督工程师在对仪表安装工程监督检查时，发现全厂防爆区域的仪表防爆挠性连接管 700 多根，对比设计文件要求“全部选择带不锈钢编织网”，当时该工程施工安装的防爆挠性连接管未带不锈钢编织网。不符合设计要求。

3. 2015年12月，河北省黄骅市中捷某炼油项目。质量监督工程师在检查时，发现安装在炼化装置区域的仪表，如压力、差压变送器引压管已严重锈蚀，核查仪表专业设计文件描述“对安装在防爆区域的各类压力、差压变送器三阀组及冲击测量管路为316SS不锈钢材质”，该材质不符合设计文件对最低材质的技术要求，选用的是碳钢材质。

【监督依据】

以上问题不符合该项目设计文件要求。

【案例评析】

1. 设计文件对仪表设备外壳、挠性连接管、仪表引压管材质有明确要求。以上案例问题所涉材料数量较大，导致现场安装的材质在未投入使用就严重生锈，有的被碱性腐蚀，对此施工单位应严格按照设计要求选择设备和材料，确保所选设备材料质量符合设计要求。

2. 该问题反映出施工单位对自动化仪表工程的设计理解不到位，未严格执行设计要求，也未执行工序交接制度。监理单位未按规范要求对仪表工程质量进行监管，对工序交接的质量未予把关。

【问题处置】

1. 工程质量监督机构对该问题施工总承包单位下达《建设工程质量问题整改通知书》，责令限期整改。

2. 施工单位对材质不满足要求的仪表设备进行退场，对不符合要求的挠性连接管进行更换，将生锈的引压管更换为316SS材质。

3. 监理单位对现场防腐工程问题整改情况进行检查、复核，按照规范要求组织验收。

【经验教训】

1. 海油工程项目大多数在沿海地区，为防止海洋气候腐蚀，设计文件对仪表设备和材料的材质作了明确要求。而施工中，许多施工单位未能深入了解设计要求，在设备和材料选购中均不能满足设计图纸要求，造成质量缺陷。

2. 为保证自动化仪表工程的施工质量，监督人员在现场检查时，要观察所选设备和材料的规格、型号、材质是否符合设计要求，另外还要检查对应的认证报告、施工记录是否符合规范要求。发现问题要及时向责任单位提出整改要求。

案例 4　防雷接地隐蔽工程问题

【问题描述】

2019 年 3 月，河北省黄骅市中捷某炼油项目。质量监督工程师检查防雷接地工程设计图纸和接地电阻测试记录时，发现接地材质描述为“接地干线采用 40×4 的紫铜带。接地极采用 ∅ 20 铜棒材质……”，现场实际使用接地干线为 ∅ 12 锌包钢，长度 200 m，接地极为 ∅ 24 锌包钢 $L=2500$ mm，数量 15 根。施工单位擅自更改设计材料，且接地电阻测试记录与实际使用材质不符。接地材质违反设计要求，施工过程资料造假。

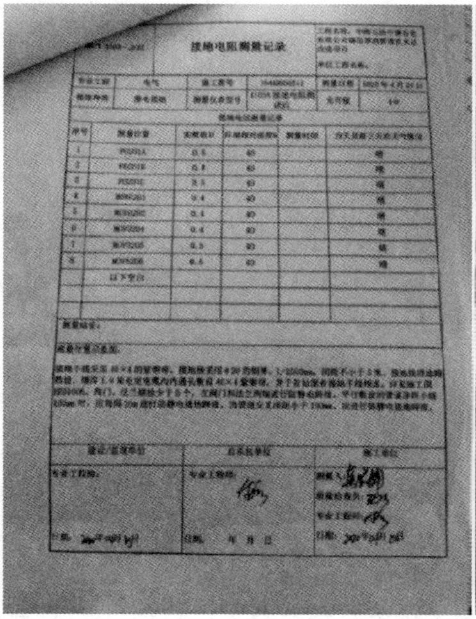

接地电阻测量记录

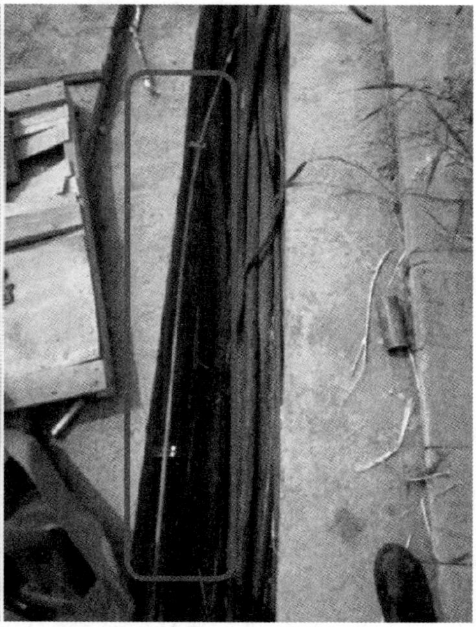

【监督依据】

以上问题违反《建设工程质量管理条例》第二十八条“施工单位必须按照工程设计图纸和施工技术标准施工，不得擅自修改工程设计，不得偷工减料”的规定。

【案例评析】

1. 设计图纸对接地隐蔽工程施工有明确要求。以上问题正值隐蔽工程施工期间且未按照设计图纸施工。对此，施工单位应制定有针对性的整改措施，确保施工质量符合设计文件要求。

2. 该问题反映出施工单位对项目接地隐蔽工程设计要求理解不到位，未严格执行设计要求。监理单位未按规范和设计要求对接地隐蔽工程质量进行监管，对施工质量未予把关。

【问题处置】

1. 工程质量监督机构对以上问题施工单位下达《建设工程质量问题整改通知书》，责令限期整改。

2. 施工单位加强对规范和设计要求的深入理解，并按照要求进行整改，满足规范和设计要求后，再进行下一道工序施工。

3. 监理单位对接地隐蔽工程问题整改情况进行检查、复核，按规范要求组织验收。

【经验教训】

1. 该项目所处环境为爆炸危险区域，为使项目建成后防雷接地工程安全可靠，设计对建设项目防雷接地工程接地体材质和施工各环节作了明确要求。而施工中，施工单位未严格执行设计要求，使施工质量达不到要求，造成质量缺陷。

2. 防雷接地工程施工必须要重视接地体材质、搭接质量及接地电阻测试等质量，监督人员在现场检查时，要重点关注施工质量是否合格，另外还要检查施工的相关测试记录是否达到规范要求。发现问题要及时向责任单位提出整改要求。

案例5　仪表防爆隔离密封问题

【问题描述】

2015年12月，河北省黄骅市中捷某炼油项目。质量监督工程师在项目监督检查中，发现防爆区域所有仪表（压力、差压变送器，热电偶，可燃、有毒气体报警仪，调节阀，执行器）数百台，仪表本体电缆接线端入口缺少一个Y型防爆隔离密封盒。

【监督依据】

此问题不符合设计要求“现场仪表进口采用防爆活接头＋Y 型防爆隔离密封接头＋防爆挠性连接管与保护管连接”，不能满足现场防爆要求。并违反了《建设工程质量管理条例》第二十八条“施工单位必须按照工程设计图纸和施工技术标准施工，不得擅自修改工程设计，不得偷工减料”的规定。

【案例评析】

该问题反映出施工单位对仪表安装工程的规范和设计文件要求理解不到位，未严格执行规范和设计要求。监理单位未按规范和设计要求对仪表工程质量进行监管，对施工质量未予把关。

【问题处置】

1. 工程质量监督机构对以上问题施工单位下达《建设工程质量问题整改通知书》，责令限期整改。

2. 施工单位加强对规范和设计要求的深入理解，并按照要求进行整改，满足规范和设计要求后，再进行下一道工序施工。

3. 监理单位对现场仪表防爆隔离密封问题整改情况进行检查、复核，按照规范要求组织验收。

【经验教训】

1. 石油化工项目大多数为爆炸危险区，为确保项目投产后危险降到最低，达到本质安全，设计对建设项目仪表设备防爆隔离密封处理作了明确要求。而施工中，施工单位为节约成本、缩短工期，使施工质量达不到要求，造成质量缺陷。

2. 防爆区自动化仪表工程施工必须要重视防爆隔离密封质量，监督人员在现场检查时，要重点关注防爆隔离密封等施工质量是否合格，另外还要检查相关施工安装记录是否达到规范要求。发现问题要及时向责任单位提出整改要求。

案例6　防爆仪表安装问题

【问题描述】

2017年3月，河北省黄骅市中捷某炼油项目。质量监督工程师在对该项目中交验收检查时，发现一批变送器本体使用仪表测量管路（引压管）做支撑。仪表引压管代替变送器支撑夹板，见下图。

【监督依据】

该项目违反了仪控专业设计文件的要求："接液部件和仪表过程冲击管线不允许使用仪表测量管路做支撑，需使用变送器自带的安装附件作为支撑。"

【案例评析】

1. 规范和设计图纸对仪表工程施工有明确要求。以上案例在项目验收阶段发现未按照设计要求安装变送器。对此，施工单位应制定有针对性的整改措施，确保施工质量符合规范和设计文件要求，杜绝随意施工。

2. 该问题反映出施工单位对仪表工程的设计要求理解不到位，未严格执行设计要求。监理单位未按规范和设计要求对仪表工程质量进行监管，对施工质量未予把关。

【问题处置】

1. 工程质量监督机构对以上问题施工单位下达《建设工程质量问题整改通知书》，责令限期整改。

2. 施工单位加强对规范和设计要求的深入理解，并按照要求进行整改，满足规范和设计要求后，再进行验收。

3. 监理单位对现场仪表工程问题整改情况进行检查、复核，按照规范要求组织验收。

【经验教训】

1. 石油化工项目大多数处于爆炸危险区，为确保项目投产后危险降到最低，达到本质安全，设计文件对建设项目仪表工程施工各环节作了明确要求。而施工中，许多施工单位为节约成本、缩短工期，使施工质量达不到要求，造成质量缺陷。

2. 不同项目自动化仪表工程设计要求不同，监督人员在现场检查时，要重点关注不同项目的设计要求，另外还要检查施工的相关测试记录是否达到规范要求。发现问题要及时向责任单位提出整改要求。

案例 7　防爆气体探测器问题

【问题描述】

2019 年 12 月，广东省江门市某气化站项目。质量监督工程师在对该项目监督检查时，发现该项目设计要求防爆区域可燃气体探测器的检测原理为红外吸收式，项目现场已安装的一批可燃气体（甲烷）探测器测量原理为普通催化燃烧式，与设计要求不符。

可燃气体探测器	红外吸收式，检测介质：甲烷	
	检测范围：0～100% LEL，检测精度：±3%	
	电源：24V DC 4～20mA三线制，T90<30s	
	铝合金材质，电气接口尺寸：G3/4"(F)，LED显示	
	浪涌保护，配现场声光报警器和2"安装支架	

【监督依据】

以上问题违反该项目设计要求。

【案例评析】

1. 设计文件对仪表设备规格参数有明确要求，以上案例总承包单位未能深入了解设计意图，未严格按照设计要求选型，以致现场安装的仪表设备不能满足设计要求。

2. 该问题反映出施工单位未严格执行设计要求。监理单位未按规范要求对仪表设备进场验收进行监管，对过程质量未予把关。

【问题处置】

1. 工程质量监督机构对该问题施工总承包单位下达《建设工程质量问题整改通知书》，责令限期整改。

2. 施工单位对不能满足设计要求的仪表设备拆除，更换为符合要求的设备。

3. 监理单位对整个问题整改情况进行检查、复核，按照规范要求组织验收。

【经验教训】

1. 海油工程项目大多数在沿海地区，海洋气候对仪表设备的影响比较严重，设计选择红外吸收式的气体探测器抗干扰性强。而施工中，许多施工单位对探测器检测原理了解不够深入，选择普通的催化燃烧型，造成质量缺陷。

2. 探测器的安全可靠对测量结果至关重要，监督人员在现场检查时，要观察探测器本体质量是否符合设计要求，另外还要检查仪表设备施工安装记录是否符合规范要求。发现问题要及时向责任单位提出整改要求。

案例 8　防爆区选用非智能仪表问题

【问题描述】

2015 年 6 月，广东省珠海市高栏港某项目。质量监督工程师在对该项目芳烃装置监督检查时，发现现场安装的一批 4～20 mA 输出的仪表为非智能仪表，不支持 HART 协议，不符合设计要求远传仪表都要选智能仪表，不能实现设计要求的仪表设备管理系统的仪表设备组态、状态监测及诊断、校验管理和自动文档记录管理等功能，见下图。

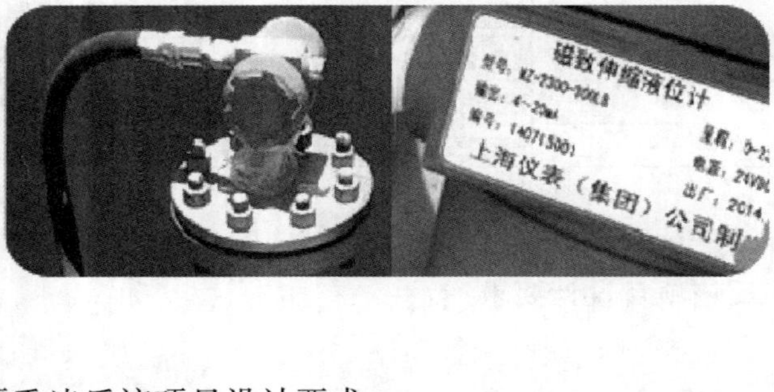

【监督依据】

以上问题严重违反该项目设计要求。

【案例评析】

1. 设计文件对仪表设备规格参数有明确要求，该项目总承包单位未能深入了解设计意图，未严格按照设计要求选型，以致现场安装的仪表设备不能满足设计要求。

2. 该问题反映出施工单位未严格执行设计要求。监理单位未按规范要求对仪表设备进场验收进行监管，对过程质量未予把关。

【问题处置】

1. 工程质量监督机构对该问题施工总承包单位下达《建设工程质量问题整改通知书》，责令限期整改。

2. 施工单位对不能满足设计要求的仪表设备拆除，更换为符合要求的设备。

3. 监理单位对整个问题整改情况进行检查、复核，按照规范要求组织验收。

【经验教训】

1. 石油化工项目大多数在爆炸危险区域，设计要求现场安装的仪表设备为智能仪表须满足“仪表设备组态、状态监测及诊断、校验管理和自动文档记录管理等”功能。而施工中，施工单位对设计要求了解不够深入，选择了普通非智能仪表，造成质量缺陷。

2. 智能仪表设备对生产过程工艺参数的监测至关重要，监督人员在现场检查时，要重点关注仪表功能是否符合设计要求，另外还要检查仪表施工安装相关记录是否符合规范要求。发现问题要及时向责任单位提出整改要求。

案例9 防爆区消防仪表设备消防认证问题

【问题描述】

2018 年 6 月，广东省惠州市大亚湾区某项目。质量监督工程师在对项目乙烯装置监督检查时，发现现场安装的一批可燃气体报警仪和火焰探测器未见标注强制性产品认证标志，对可燃气体报警仪和火焰探测器等涉及企业安全的仪表，依据国家公消评〔2014〕22 号公告：自 2015 年 9 月 1 日起，未获得强制性产品认证证书和未标注强制性产品认证标志的，不得出厂、销售、进口或者在其他经营活动中使用。右图是没有消防认证的可燃气体检测器和有消防认证的可燃气体检测器。

【监督依据】

该问题违反了国家公消评〔2014〕22号公告的规定："自2015年9月1日起，未获得强制性产品认证证书和未标注强制性产品认证标志的，不得出厂、销售、进口或者在其他经营活动中使用。"

【案例评析】

1. 公安部对消防产品型式认可认证有明确要求，本案例中，现场安装的可燃气体检测器为标准强制性产品认证标志，按要求不允许在现场使用。

2. 该问题反映出施工单位对消防产品相关要求理解不到位，未严格执行部委文件要求。监理单位未按部委文件要求对消防产品工程质量进行监管，对设备的质量未予把关。

【问题处置】

1. 工程质量监督机构对该问题施工总承包单位下达《建设工程质量问题整改通知书》，责令限期整改。

2. 施工单位将该批产品退场处理，更换为张贴消防强制认证的产品重新安装。

3. 监理单位对现场消防设备质量问题整改情况进行检查、复核，按照规范要求组织验收。

【经验教训】

1. 石油化工行业本身属于高危行业，要确保项目安全运行，保证可燃有毒物质泄漏等特殊情况能及时被发现，对气体探测器的安全可靠性提出了很高的要求。责任单位未按设计要求选购探测器，造成质量缺陷。

2. 消防产品的好坏决定了整个项目消防系统的质量，监督人员在现场检查时，要重点关注消防产品是否合格，另外还要重点检查产品的认证是否符合要求。发现问题要及时向责任单位提出整改要求。

案例10 本质安全电缆使用问题

【问题描述】

2017年7月，浙江省宁波市北仑区某项目。质量监督工程师在对该项目4套大型装置单元监督检查时，发现按照设计文件要求："本安（即本质安全）系统的配线应与非本安系统配线分开。本安系统配线应采用本安电缆，护套颜色应为蓝色。"巡监中4个单元随设备集成的上百台本安系统仪表未使用蓝色电缆。现场图片和设计要求见下图。

9.1.3 本安系统的配线应与非本安系统配线分开。本安系统配线应采用本安电缆，护

中石化 洛阳工程有限公司	自控设计统一规定		项目文件号	专业文件号
		LPEC		50-00/G
		顾客要求		
			第 27 页 共 45 页	

套颜色应为蓝色。

【监督依据】

该问题违反该项目自控设计统一规定："本安系统配线应采用本安电缆，护套颜色应为蓝色。"

【案例评析】

1. 自控设计对本安系统配线有明确要求。本案例 4 套大型装置单元对本安系统配线均选择非本安电缆，护套颜色为黑色，导致不能形成本安回路。

2. 该问题反映出施工单位及设备集成商对设计要求理解不到位，未严格按照自控设计统一规定实施设备采办。监理单位未按要求对自动化仪表工程质量进行监管，对质量未予把关。

【问题处置】

1. 工程质量监督机构对该问题施工总承包单位下达《建设工程质量问题整改通知书》，责令限期整改。

2. 施工单位加强对自控设计要求进行深入研读，对本安系统配线进行严格选取，将不符合要求的配线进行更换。

3. 监理单位对现场自动化仪表工程问题整改情况进行检查、复核，按照规范要求组织验收。

【经验教训】

1. 石油化工装置大多数为爆炸危险区域，为确保装置在生产运行的本质安全，设计对自动化仪表工程设计了本质安全系统，由本安设备、本安电缆和本质安全型控制器等共同构成，一旦在某个环节不符合本安要求，将不能构成本安系统，而施工中将本安电缆错选为其他种类电缆，导致不能形成本安系统，造成质量缺陷。

2. 为保证自动化仪表工程中本安系统的施工质量，监督人员在现场检查时，要重点关注整个系统各个环节的质量是否符合设计要求，发现问题要及时向责任单位提出整改要求。

案例 11　变送器铭牌及接线问题

【问题描述】

2020 年 11 月，广西壮族自治区贵港市桂平市某项目。质量监督工程师检查油气回收装置时，发现如下问题：

1. 压力变送器和温度变送器铭牌中无防爆合格证编号信息，入场材料报验中未见相关防爆合格证书。

2. 压力、温度变送器仅有防爆挠性管，无电缆引入密封装置，与设计文件不符。

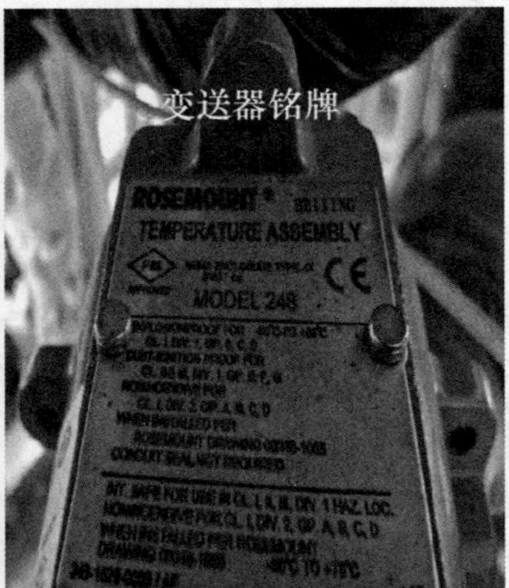

【监督依据】

该问题 1 不符合《自动化仪表工程施工及质量验收规范》(GB 50093—2013) 第 10.1.2 条“安装在爆炸危险环境的仪表、仪表线路、电气设备及材料，其规格型号必须符合设计文件规定。防爆设备必须有铭牌和防爆标识，并应在铭牌上标明国家授权的机构颁发的防爆合格证编号”的规定。

该问题2不符合设计说明中第4.3条“电缆进出仪表设备采用‘防爆挠性连接管＋防爆密封接头’形式进行安装，所有防爆仪表采用防爆密封填料进行密封。全部保护管必须确保密封”的要求。

【案例评析】

1. 规范对防爆设备的铭牌及标识有明确规定，防爆设备实行认证后生产，因此存在厂家取证后未按照规范的要求标明产品防爆合格证编号，以致无法查询该防爆设备的相关信息。

2. 设计文件说明中对防爆仪表的接线要求明确为防爆挠性连接管＋电缆密封接头，油气回收装置的供货单位未严格按照设计文件的要求进行供货。

3. 油气回收装置为成套供货的产品，该问题反映出设备开箱验收过程中施工单位和监理单位未严格执行开箱验收程序，未严格按照规范及设计文件的要求进行质量把控。

【问题处置】

1. 工程质量监督机构对该问题施工单位下达《建设工程质量问题整改通知书》，责令限期整改。

2. 要求建设单位联系供货厂家，按照规范及设计文件的要求，对变送器铭牌及仪表的接线进行整改，同时要求加强开箱验收的质量管控。

【经验教训】

1. 成套供货设备中，电气仪表（简称电仪）作为辅助专业，是容易出现质量问题的环节，尤其在防爆方面的要求，因此在成套设备开箱验收时，验收人员专业要配备齐全，同时质量监督工程师也要加强成套供货设备配套电仪设备的质量把控，全面把控工程质量。

2. 防爆电气设备为认证后生产，建设单位应及时聘请第三方检验单位对防爆电气设备的质量进行管控。

案例12　防爆电气设备铭牌问题

【问题描述】

2020年11月，广西壮族自治区贵港市桂平市某项目。质量监督工程师在检查防爆电气设备（压力变送器、人体静电消除器）时，发现该批设备铭牌中防爆标志未注明保护级别，而且铭牌中未标注防爆合格证编号。

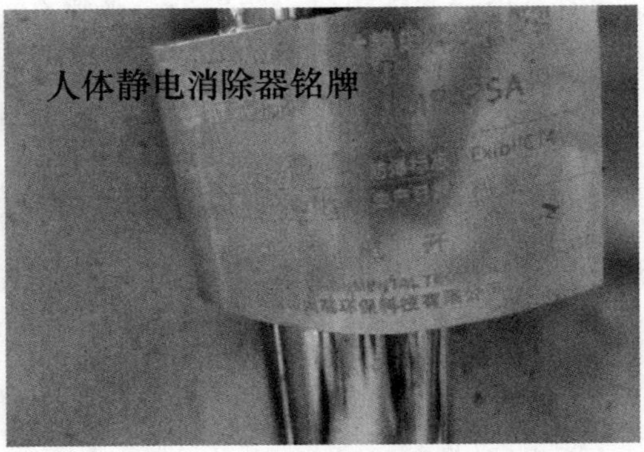

【监督依据】

该问题不符合《爆炸性环境　第 1 部分　设备：通用要求》（GB/T 3836.1—2010）第 29.4 条“爆炸性气体环境防爆标志”及《自动化仪表工程施工及质量验收规范》（GB 50093—2013）第 10.1.2 条“安装在爆炸危险环境的仪表、仪表线路、电气设备及材料，其规格型号必须符合设计文件规定。防爆设备必须有铭牌和防爆标识，并应在铭牌上标明国家授权的机构颁发的防爆合格证编号”的规定。

【案例评析】

1. 规范对防爆设备的铭牌及标识有明确规定，防爆设备实行认证后生产，因此存在厂家取证后不按照规范的要求标明产品防爆合格证编号，以致无法查询该防爆设备的相关信息。

2. 该问题反映出施工单位及监理单位专业工程师对规范理解不到位，未严格按照规范的要求执行开箱验收程序，未及时发现防爆电气质量问题。

【问题处置】

1. 工程质量监督机构对该问题施工单位下达《建设工程质量问题整改通知书》，责令限期整改。

2. 要求采购单位及时联系供货厂家，要求厂家按照规范的要求对设备的铭牌进行整改，并及时提供相关的防爆合格证书。

【经验教训】

1. 防爆电气设备为认证后生产，存在的问题较多，建议引起足够重视，加强项目防爆电气设备质量的把控，尤其是采购一些小厂家的设备时，质量监督工程师要加强质量把控。

2. 加强项目专业工程师防爆电气知识的培训，切实做到防爆电气设备质量的管控。

3. 建设单位及时聘请第三方检验单位对防爆电气设备的质量进行管控。

案例 13　变送器分支电缆问题

【问题描述】

2020 年 9 月，广东省惠州市大亚湾石化区某项目。质量监督工程师在检查锅炉装置脱硝单元位号 754-EJB02D 分线箱时，发现主电缆是非本安仪表信号电缆，分支线是本安仪表信号电缆，现场变送器铭牌为本安认证和无火花认证，供货清单中变送器为本安型，非本安仪表信号电缆与本安仪表信号电缆串接影响本质安全功能。变送器和接线箱分别见下图。

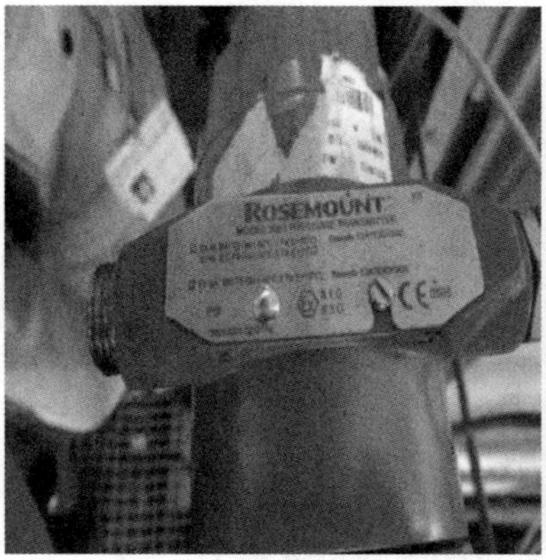

【监督依据】

该问题不符合《电气装置安装工程　爆炸和火灾危险环境电气装置施工及验收规范》（GB 50257—2014）第 5.4.2 条第 1 款“本质安全电路与非本质安全电路不得共用同一电缆或钢管；本质安全电路或关联电路，严禁与其他电路共用同一条电缆或钢管”的规定。

【案例评析】

1. 锅炉装置脱硝单元为整体供货，随机附带的仪表设备为配套设备，脱硝单元的厂家未及时向锅炉设计单位返还详细资料，导致设计界面处出现本安仪表信号电缆与非本安仪表信号电缆串接的情况。

2. 脱硝单元为成套供货的产品，该问题反映出脱硝单元验收过程中施工单位和监理单位未严格执行验收程序，未严格按照规范及设计文件的要求进行质量把控。

【问题处置】

1. 工程质量监督机构对该问题施工单位下达《建设工程质量问题整改通知书》，责令限期整改。

2. 要求总承包单位和供货厂家尽快拿出整改方案，按照整改方案要求更换相匹配的电缆。

【经验教训】

1. 成套供货设备中，电仪作为辅助设备，是容易出现质量问题的环节，尤其在防爆方面的要求，因此在成套设备验收时，验收人员专业要配备齐全，同时质量监督工程师也要加强成套供货设备配套电仪设备的质量把控，全面把控工程质量。

2. 项目管控中，尤其是在工作交接界面处应加强沟通，避免信息不对等造成质量问题。

案例 14　防爆区采用非防爆设备问题

【问题描述】

2020 年 9 月，广东省惠州市大亚湾石化区某项目。质量监督工程师在检查锅炉装置 9 层平台电接点水位计（见下图）时，发现按照设计文件防爆危险区域的划分要求，锅炉 9 层平台划分为防爆 2 区，而该电接点水位计为非防爆设备，不能满足防爆要求。

【监督依据】

该问题不符合《危险场所电气防爆安全规范》（AQ 3009—2017）第 5.2.1 条“根据区域类别选型，爆炸性气体环境用电设备根据区域类别选型应选用防爆设备”及《电气装置安装工程　爆炸和火灾危险环境电气装置施工及验收规范》（GB 50257—2014）第 3.0.3 条“采用的设备和器材，应有合格证件。设备应有铭牌，防爆电气设备应有防爆标志”的规定。

【案例评析】

1. 该电接点水位计从机柜间非防爆区域变更到锅炉装置 9 层平台的防爆区

域内，设计单位未充分考虑设备安装位置改变带来的危险区域划分的变化。

2. 施工单位按照设计变更施工时，未认真审查设计变更的可行性及电接点水位计对于爆炸危险区域的适用性。

3. 监理单位专业工程师未认真审查设计变更，未按照规范要求进行质量把控。

【问题处置】

1. 工程质量监督机构对该问题施工单位下达《建设工程质量问题整改通知书》，责令限期整改。

2. 要求设计单位及时拿出整改方案，施工单位按照整改方案尽快落实整改，报监理单位审查。

【经验教训】

1. 设计单位出具设计变更时要严格按照程序执行，监理单位专业工程师要充分审查，设计变更后再向施工单位下达变更指令。

2. 设计单位出具的图纸或变更不能满足现场实际时，施工单位要及时提出，质量监督工程师应加强对设计变更的质量把控。

3. 加强防爆电气设备的质量管控，建设单位应聘请第三方检验单位对防爆电气设备及安装质量进行全面把控。

案例 15　电缆成品保护问题

【问题描述】

2021 年 10 月，浙江省宁波市大榭开发区某项目。质量监督工程师在检查 1—5 号储罐预留仪表电缆敷设时，发现该批电缆成品保护不到位，交叉作业过程中施工人员踩踏导致电缆绝缘层受到不同程度的损坏。

【监督依据】

该问题不符合《自动化仪表工程施工及质量验收规范》（GB 50093—2013）第 4.1.9 条“施工过程中，对已安装好的仪表设备和材料应进行保护”的规定。

【案例评析】

1. 施工单位技术人员未识别到电缆存在被踩踏的风险，在给施工作业人员进行技术交底时，未要求作业人员在电缆敷设完成后及时进行成品保护。

2. 交叉作业过程中，管道施工人员未意识到电缆不能进行踩踏，图自己作业方便。

3. 电缆经过踩踏后会对电缆的保护层、绝缘层造成不同程度的损坏，而且电缆均为埋地敷设，电缆一旦损坏会造成大面积的返工处理。

【问题处置】

1. 工程质量监督机构对该问题施工单位、监理单位下达《建设工程质量问题整改通知书》，责令限期整改。

2. 要求施工单位将踩踏的电缆重新进行绝缘测试，如绝缘测试不合格，需要更换电缆。

3. 要求施工单位将电缆进行成品保护，并认真做好施工前技术交底，防止该问题再次出现。

【经验教训】

1. 电仪设备及材料在交叉作业过程中极易发生损坏，因此，技术人员要对作业人员做好技术交底，要求作业人员在施工完成后及时做好成品保护。

2. 不同专业技术人员要加强沟通，保证交叉作业过程中不应发生人为破坏的现象。

3. 质量监督工程师需要关注技术交底是否及时，发现质保体系运行不畅的问题，及时纠正。

案例 16　静电消除器不符合设计要求的问题

【问题描述】

2021 年 10 月，浙江省宁波市大榭开发区某项目。质量监督工程师在检查中间罐区产品型号为本安型/89×1200 人体静电消除器时，发现该设备铭牌无符合规范要求的防爆标志，且设备入场报验资料中无防爆合格证，另外设计文件中未规定人体静电消除器相关要求，需设计单位确认是否需要采用防爆人体静电消除器，后经设计单位确认设备有防爆要求，故该设备需厂家补齐资料或重新采购符合设计要求的人体静电消除器。

人体静电消除器及出厂检验报告见下图。

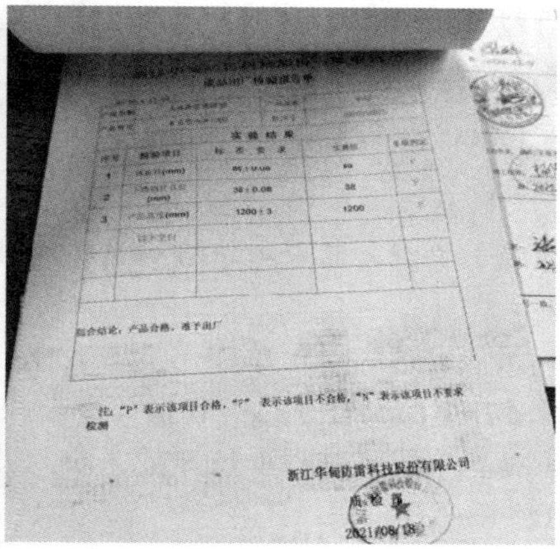

设计文件和工程联络单见下图。

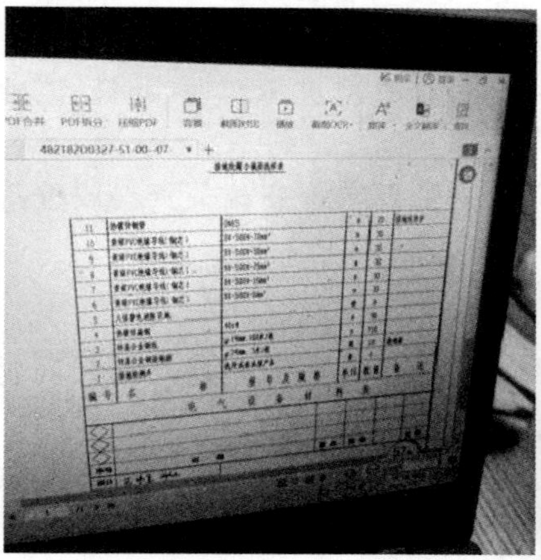

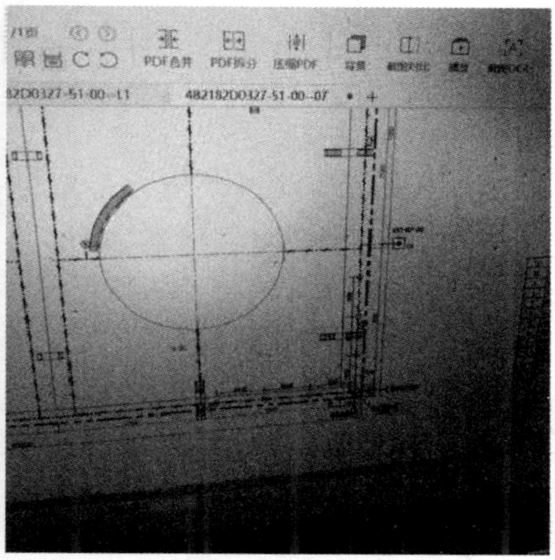

监理单位意见：需设计确认 专业监理工程师： 总监理工程师：	监理单位（章） 年　月　日 2021.10.27
PMT 意见：请设计确认. 经办人： 审核人：	PMT（章） 年　月　日
建设单位意见： 经办人： 审核人：	建设单位（章） 年　月　日
设计处理意见： 根据HSE专业资料，中间原料罐区属于爆炸危险区域，故人体静电消除设施需按照防爆考虑，本安型，防爆等级不低于IIB，保护级别Gb。 设计经办人： 审核人：	设计单位（章） 2021 年 11 月 2 日

【监督依据】

该问题不符合《自动化仪表工程施工及质量验收规范》(GB 50093—2013)第 10.1.2 条“安装在爆炸危险环境的仪表、仪表线路、电气设备及材料，其规格型号必须符合设计文件规定。防爆设备必须有铭牌和防爆标识，并应在铭牌上标明国家授权的机构颁发的防爆合格证编号”的规定。

【案例评析】

1. 施工单位、监理单位进行图纸会审时，对设计图纸中存在的问题未及时提出，导致图纸对该批设备的防爆要求并不明确。

2. 该批设备为建设单位采购，且未按照防爆设备的要求进行采购，施工单位、监理单位在设备开箱验收过程中未严格按照验收程序进行把控。

3. 施工单位、监理单位专业人员对规范理解不到位，未能严格按照规范要求进行质量把控。

【问题处置】

1. 工程质量监督机构对该问题施工单位下达《建设工程质量问题整改通知书》，责令限期整改。

2. 要求施工单位以工程联系单的方式与设计单位进行沟通，明确该批人体静电消除器的防爆型式。

3. 要求建设单位联系厂家，按照设计文件的要求补齐相关资料或重新采购符合设计文件要求的设备，重新进行入场报验。

【经验教训】

1. 施工单位、监理单位要认真做好图纸会审，及时发现设计图纸问题，尤其是设备规格型号，避免重新采购对施工进度及质量造成影响。

2. 施工单位、监理单位专业人员要加强规范的学习理解，要严格按照规范要求进行质量把控。

3. 无论是甲采设备还是乙采设备，均应严格执行验收程序，切实从源头对工程质量进行把控，质量监督工程师应加强材料设备入场的质量把控，切实从源头消除质量隐患。

案例 17　静电地板接地漏做的问题

【问题描述】

2021 年 10 月，浙江省宁波市大榭开发区某项目。质量监督工程师在检查装置配套机柜间防静电地板时，发现防静电地板支架未做有效接地，不符合设计规范要求，也未经设计单位确认。

【监督依据】

该问题不符合《石油化工仪表接地设计规范》（SH/T 3081—2019）第4.5.3条“安装分散控制系统等各种控制设备的控制室或机柜室的导静电地面、防静电活动地板、金属工作台等应进行等电位连接并接地”的规定及施工图集14D504接地装置安装中防静电接地安装（见下图）的要求。

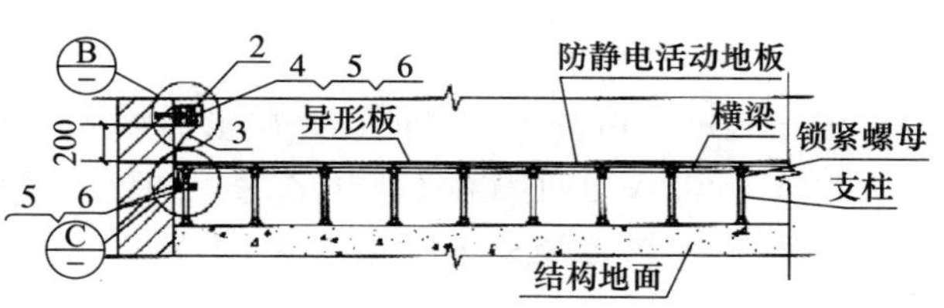

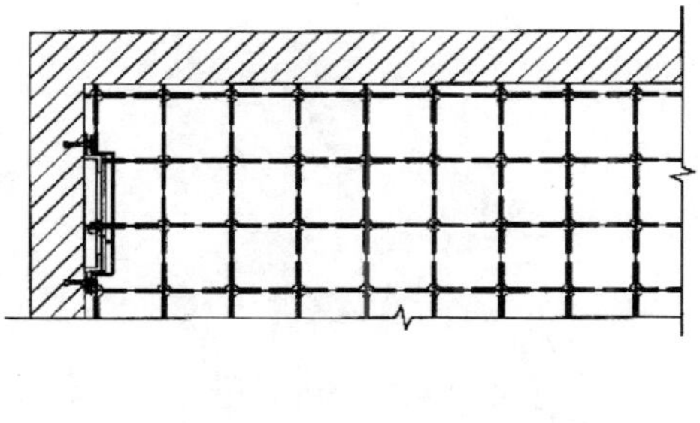

【案例评析】

1. 设计规范中明确要求防静电地板要进行等电位连接并接地，设计文件中未作出规定，主要是由于设计单位各专业界限划分不清，导致防静电地板接地设计漏项。

2. 施工单位、监理单位在图纸会审时，对设计图纸中存在的问题未及时提出，导致图纸中缺少对防静电地板接地的要求。

3. 施工过程中，防静电地板的安装属于建筑专业，并不清楚防静电地板支架需要接地。

【问题处置】

1. 工程质量监督机构对该问题施工单位下达《建设工程质量问题整改通知书》，责令限期整改。

2. 要求施工单位通过工程联系单与设计单位进行沟通，请设计单位明确接地的做法及相关要求。

3. 要求施工单位按照设计要求完成防静电地板支架的接地，报监理单位审查整改情况。

【经验教训】

1. 在设计单位的专业交界处，经常出现质量问题，施工单位、监理单位在图纸会审时应格外关注，尽早发现设计漏项的问题。

2. 施工过程中涉及工作面交接的专业应加强沟通，做好工序交接验收工作，质量监督工程师现场检查时，要注意检查专业交界面是否满足规范要求。

案例 18　设备接线不合规的问题

【问题描述】

2020 年 10 月，河北省沧州市黄骅市某项目。质量监督工程师在检查电缆引入装置时，发现位号为 P-0202A 电机测温电缆引入装置无压铠结构（如下左图），电缆铠装层未两端接地；接线箱电缆引入装置与电缆线径不匹配（如下右图），不能达到防爆密封要求。

【监督依据】

该问题不符合《自动化仪表工程施工及质量验收规范》(GB 50093—2013)第10.2.11条“铠装电缆的铠装两端应进行保护接地”及《电气装置安装工程爆炸和火灾危险环境电气装置施工及验收规范》(GB 50257—2014)第5.2.3条“防爆电气设备、接线盒的进线口，引入电缆后的密封应符合……3)弹性密封圈及金属垫应与电缆的外径匹配，其密封圈内径与电缆外径允许差值为±1 mm”的规定。

【案例评析】

1. 施工单位未严格执行技术交底制度，施工作业人员发现电缆密封装置不匹配时未及时反馈，技术管理人员未严格按照规范要求对施工质量进行管控。

2. 该问题反映出监理单位、施工单位专业工程师对规范理解不到位，监理单位未严格按照规范的要求进行质量管控。

【问题处置】

1. 工程质量监督机构对该问题施工单位下达《建设工程质量问题整改通知书》，责令限期整改。

2. 要求施工单位举一反三进行排查，更换符合规范要求的电缆引入装置，整改完成后报监理单位审查。

【经验教训】

1. 施工单位要严格落实技术交底制度，切实将容易出现质量问题的环节向作业人员进行交底，从施工作业的环节保证施工质量，质量监督工程师现场发现实体质量问题后，应该检查技术交底记录，及时纠正管理问题。

2. 施工单位、监理单位要加强对规范的学习理解，同时要提高质量责任意识。

案例19 屏蔽层接地不合规的问题

【问题描述】

2021年5月，天津市南港工业区某项目。质量监督工程师在检查清水剂车间三层平台一处仪表接线箱时，发现在主电缆只有总屏蔽的情况下，总屏蔽线两端接地（见下图），不符合设计规范要求，通过现场询问，施工人员答复设计文件未明确屏蔽接线方式。

【监督依据】

该问题不符合《石油化工仪表接地设计规范》（SH/T 3081—2019）附录 A 中图 A-3 和图 A-4 做法的要求（见下图）。

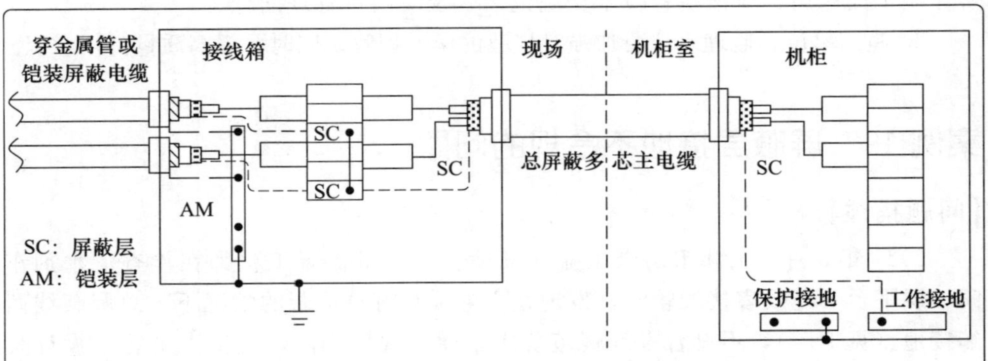

图A-3　总屏蔽多芯主电缆屏蔽层连续在机柜室接地图

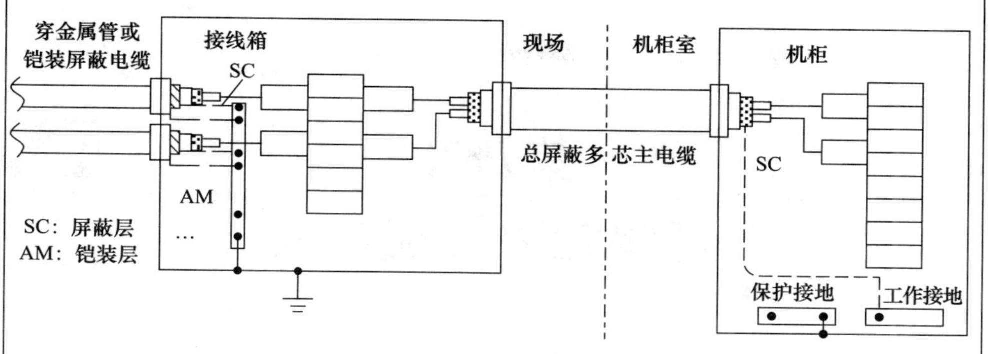

图A-4　总屏蔽多芯主电缆屏蔽层分段在接线箱及机柜室接地图

【案例评析】

1. 设计图纸中未按照规范的要求对电缆屏蔽层的接地作出明确规定。

2. 监理单位、施工单位未严格执行图纸会审制度，未能及时发现设计图纸的漏项。

3. 施工单位未严格执行技术交底制度，技术管理人员未向作业人员具体阐述接地的做法，监理单位专业工程师未严格按照规范要求进行质量把控，同时也反映出监理人员、施工人员对规范的要求理解不到位。

【问题处置】

1. 工程质量监督机构对该问题施工单位下达《建设工程质量问题整改通知书》，责令限期整改。

2. 要求施工单位通过工程联系单的形式同设计单位沟通，明确屏蔽层的接地方式。

3. 按照工程联络单的要求，对已完成的接线箱内屏蔽层接地完成整改，同时要求施工单位要做好技术交底，避免再发生同类质量问题。

【经验教训】

1. 设计质量的好坏对整个工程的质量起着至关重要的作用，首先设计单位要严格按照设计规范的要求进行工程设计，其次施工单位、监理单位、质量监督工程师应加强对设计规范的学习理解，及时发现设计文件存在的问题。

2. 施工单位、监理单位要严格执行图纸会审制度，尽量做到不将设计问题带到施工环节，同时施工单位应认真落实技术交底制度。

第八章

防腐绝热工程案例

案例 1　防腐补口材料质量证明文件问题

【问题描述】

2021 年 3 月，江苏省盐城市滨海县某长输管线项目。质量监督工程师在检查该项目首批到货的防腐补口材料（辐射交联聚乙烯热收缩带）质量证明文件时，发现出厂检验报告及进场复验报告中均缺少基材性能指标（耐环境应力开裂 F50）检验项目。

【监督依据】

该问题不符合《油气管道工程辐射交联聚乙烯热收缩带/套（热熔胶型）及补伤片技术规格书》（CDP-S-OGP-AC-020-2014-3）第 8.1 条“检验和试验：对本产品检验项目和试验内容应符合下列条款规定：a）第 6 章和第 7 章所规定的全部检验项目”及《埋地钢质管道热熔胶型聚乙烯热收缩带补口技术规定》（CDP-G-OGP-AC-058-2014-1）第 5.4.2 条“一般线路用热收缩带材料验收：每一牌号、型号的热收缩带及其配套无溶剂环氧底漆，到货首批使用前应按表 1～表 6 规定的项目进行一次全面检验。使用过程中，一般线路用热收缩带每批（不超过 5000 个）到货，应按表 1、表 2、表 3、表 4（第 8 项除外）、表 5、表 6（第 5、6 项除外）的规定进行复检，性能应达到规定的要求。表 4 第 8 项，表 6 第 5、6 项根据工程需要进行抽检”的规定。

【案例评析】

1. 材料保管单位在原材料进场后没有严格按照设计文件要求对原材料外观及质量证明文件进行核查。

2. 施工单位领取材料后未进行复核即向监理单位进行报验。

3. 监理单位未对施工单位报验的原材料文件进行审核即签署验收合格意见。

【问题处置】

1. 工程质量监督机构对该问题施工单位下达《建设工程质量问题整改通知书》，责令限期整改。

2. 施工单位应完善进场材料的质量证明文件，自检合格后提交监理单位审核。

3. 监理单位对问题整改情况进行检查、复核。

【经验教训】

无论甲方采购还是乙方采购的原材料，原材料进场后施工单位和监理单位均应按照设计文件和标准规范的要求对外观质量和质量证明文件进行仔细审核，确保用于工程的原材料符合要求。

案例 2　保温材料无防雨措施

【问题描述】

2019 年 8 月，江苏省泰州市高港区某石油化工项目。质量监督工程师在雨天检查储罐时，发现储罐保温材料无任何防雨措施。

【监督依据】

该问题不符合《工业设备及管道绝热工程施工规范》（GB 50126—2008）第4.1.4条“雨雪天不宜进行室外绝热工程的施工。当在雨雪天、寒冷季节进行室外绝热工程施工时，应采取防雨雪和防冻措施”的规定。

【案例评析】

1. 规范对于雨季防腐保温施工有明确要求，本项目施工时遇到下雨天，施工单位没有制定有针对性的雨季施工措施。

2. 施工单位没有原材料成品保护意识，监理单位未把关。

【问题处置】

1. 工程质量监督机构对该问题施工单位下达《建设工程质量问题整改通知书》，责令限期整改。

2. 要求施工单位按照《工业设备及管道绝热工程施工规范》（GB 50126—2008）第3.2.3条“受潮的绝热材料及其制品，当经过干燥处理后仍不能恢复合格性能时，不得使用。用于保温的绝热材料及其制品，含水率应小于7.5%；用于保冷的绝热材料及其制品，含水率应小于1%”的要求对受潮的保温材料进行干燥处理并证明性能合格。

【经验教训】

石油化工项目上，一些施工单位不重视防腐保温工程，经常忽视其使用环境的相关要求，施工造成一些质量隐患。

案例3 LNG储罐泡沫玻璃砖问题

【问题描述】

2016年4月，福建省莆田市秀屿区某液化天然气项目。质量监督工程师在对该项目检查时，发现用于罐底环梁内外侧及热角保护的ZES800型和用于罐底环梁部位的ZES2400型泡沫玻璃砖存在如下问题：

1. ZES800型泡沫玻璃砖，未按照设计文件的技术规格书——罐底承压泡沫玻璃砖第5条“取样”的要求，由买方或其授权第三方独立检验机构对每批（炉）泡沫玻璃砖数量（块）从供货材料中随机抽取进行产品装运前的出厂性能检验。仅提供了编号为JR628-170023、JR628-170182非本项目的型式检验报告，未按照设计文件（罐底承压玻璃砖采办料单）中第3条第（4）项“第三方检验机构应为DNV、BV、Lloyd之一”及EPC合同《附件A-2：CFE采购工作范围及技术要求》第12条“检验”的要求出具第三方检测报告。

2. ZES2400 泡沫玻璃砖，虽然提供了每批（炉）由厂家委托的上海建科和南玻院第三方试验室出具的检测报告，但是该报告只能作为产品合格证的支持性文件，代替不了设计文件（罐底承压玻璃砖采办料单）中第 3 条第（4）项“第三方检验机构应为 DNV、BV、Lloyd 之一”要求的第三方检测报告；亦不符合 EPC 合同《附件 A-2：CFE 采购工作范围及技术要求》第 12 条“检验：总包商应直接委托独立检验机构根据总包商提供设备及材料（CFE）检验和试验计划（ITP）对高重要性设备及材料的设计、制造或最终检验进行独立验证，不得由设备或材料厂家自行委托第三方独立检验机构。需要进行独立验证的材料清单，见附件 2　第三方检验材料清单（CFE 项目）”的要求。

【监督依据】

该问题不符合设计文件的要求。

【案例评析】

1. 施工单位领取材料后未进行取样复试即向监理单位进行报验。

2. 监理单位未对施工单位报验的原材料文件进行审核即签署验收合格意见。

【问题处置】

1. 工程质量监督机构对该问题施工单位下达《建设工程质量问题整改通知书》，责令限期整改。

2. 施工单位应按设计文件要求补做材料复试。

3. 监理单位对问题整改情况进行检查、复核。

【经验教训】

无论甲方采购或乙方采购的原材料，原材料进场后施工单位和监理单位均应按照设计文件和标准规范的要求对外观质量和质量证明文件进行仔细审核，确保用于工程的原材料符合要求。

案例 4　地管防腐绝缘层电火花检测报告造假

【问题描述】

2021 年 6 月，浙江省宁波市北仑区某石油化工项目。质量监督工程师在抽查地管防腐绝缘层电火花检测报告时，发现报告中的防腐等级、厚度、电压等数据均为特加强级，与设计要求的普通级不符，亦与施工单位已进场报验并安装使用的原材料（厚度 1.0 mm、1.2 mm）不符。

SH/T 3503—J120	防腐绝缘层电火花检测报告			单元工程名称：全厂消防及给排水管网	
检测单位			报告编号	FCC-380-B07-0003	
设备位号/管道编号（单线号）	600-0D、500-0D、400-0D		名　称	聚丙烯防腐层电火花检测	
防腐等级	特加强级		执行标准	SH/T3533-2013/SY/T0414-2017	
设计厚度	2.4mm	防腐类型	聚丙烯胶带	电压	12000 V
检测部位		检测结果	检测部位		检测结果
无缝钢管　219**6.5　20# 34支		合格	无缝管道　168*5　20# 29支		合格
无缝钢管　114*4　20#　1支		合格	螺旋管　323.9*7.1　Q23B 37支		合格
以下空白					

SH/T 3503-J131-1	设备/材料质量证明文件一览表（一）										
序号	证件自编号	证件出厂编号	复验报告编号	物资名称	规格型号	材质	单位	总量	制造厂家	领用单位	领用量
1	20-12HYCC460079	/		聚丙烯胶带	1.2mm*200mm		m²	2000	东营市蓝天塑胶有限公司	中石化四公司	2000
2	20-12HYCC460079	/		聚丙烯胶带	1.2mm*50mm		m²	500	东营市蓝天塑胶有限公司	中石化四公司	500
				以下空白							
建设/监理单位			总承包单位				采购单位				
专业工程师：			专业工程师：				材料工程师： 制　表：				
日期：2020年12月30日			日期：2020年12月30日				日期：2020年12月30日				

【监督依据】

该问题不符合《钢质管道聚烯烃胶粘带防腐层技术标准》（SY/T 0414—2017）表3.0.5防腐层等级和厚度明确为普通级总厚度≥0.7 mm、加强级总厚度≥1.2 mm、特加强级总厚度≥2.0 mm的规定。

【案例评析】

1. 施工单位存在资料造假，致使资料中的原材料与实物不符。

2. 该问题反映出施工单位内部管理不到位，监理单位未按规范要求进行监管，存在履职不到位现象。

【问题处置】

1. 工程质量监督机构对该问题施工单位下达《建设工程质量问题整改通知书》，责令限期整改。

2. 要求施工单位收集整理工程资料必须做到实事求是。

3. 要求监理单位对问题整改情况进行检查、复核。

【经验教训】

工程施工资料是施工过程与经验的记录、积累和总结，是验证工程实体的重要依据，也是工程内在质量的真实反映，目前工程资料滞后是很多项目的通病，建设单位应在项目初期对工程资料的收集整理作出严格要求，采取一定的奖惩措施，会起到事半功倍的效果。

第九章

无损检测技术案例

案例 1　射线底片质量问题

【问题描述】

2021 年 10 月，广东省惠州市大亚湾区某石油化工项目。质量监督工程师在对该项目无损检测单位射线底片抽查过程中，发现规格 ∅ 114 × 6，编号：FW008DN100-312G（1-2）、FW008DN100-312G（2-3）、FW008DN100-312G（4-5）、FW008DN100-312G（5-6）、FW008DN100-312G（6-1）；FW008DN100-313（1-2）、FW008DN100-313（6-1）的地管射线底片未见像质计影像，无法确定底片的像质计灵敏度数值，射线底片质量均不符合标准要求，见下图。

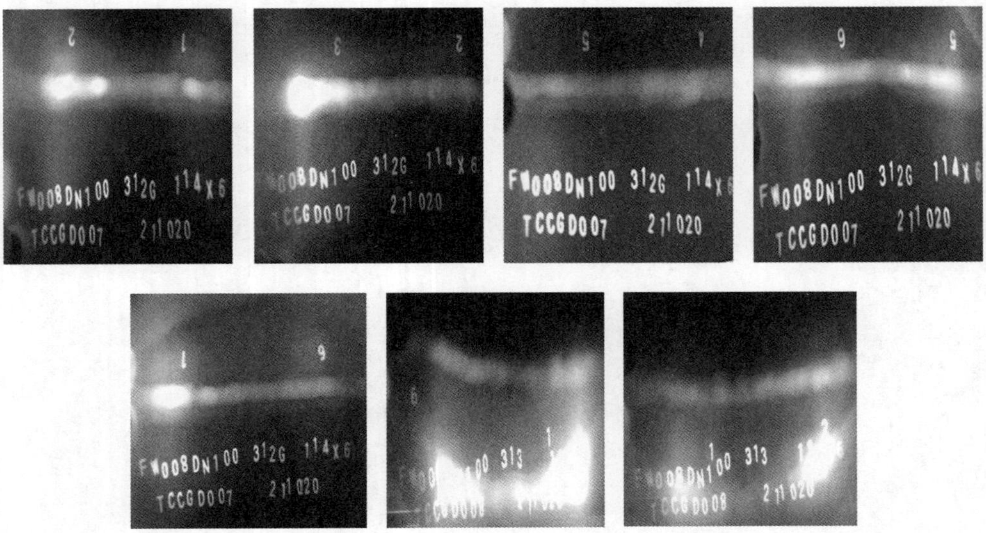

【监督依据】

该问题不符合检测标准《承压设备无损检测 第2部分：射线检测》（NB/T 47013.2—2015）第4.2.7.1条“底片影像质量采用线型像质计或孔型像质计测定”和第5.12.2条“原则上每张底片上都应有像质计的影像”的要求。

【案例评析】

1. 该问题反映出无损检测单位射线检测人员和底片评定人员责任心不强，射线检测工艺执行不到位，对检测标准的要求不熟悉。检测标准中规定：原则上每张底片上都应有像质计的影像，当一次曝光完成多张胶片照相时，使用的像质计数量允许减少。但此规格管道焊缝的射线检测不符合一次曝光完成多张胶片的情况。因此，每张胶片上均应放置像质计，在进行射线底片评定时，通过像质计确定射线底片的像质计灵敏度是否满足标准要求。

2. 射线检测人员在进行地管焊缝射线检测作业时，未意识到像质计对底片质量的重要性，未严格执行工艺文件和检测标准的要求，射线检测作业前未认真检查核对底片的识别标记是否齐全，最终导致部分胶片未放置像质计。

3. 射线底片评定人员未及时发现底片上无像质计影像的情况，只关注底片是否存在缺陷，忽略了射线底片本身质量的重要性。初评人员在初评时也未严格根据标准要求检查底片的识别标记和像质计灵敏度，未认真填写底片评定记录，复评人员也未认真履行底片复评的职责，忽视对底片本身质量的审查，最终导致不符合标准要求的底片通过评定。

【问题处置】

1. 工程质量监督机构对该问题无损检测单位下达《建设工程质量问题整改通知书》，责令限期整改。

2. 无损检测单位根据《承压设备无损检测 第2部分：射线检测》（NB/T 47013.2—2015）的要求，按照操作指导书制定的工艺参数对上述底片进行重新拍片、重新评定。

3. 监理单位对无损检测单位问题整改情况进行见证、复核。

【经验教训】

1. 本案中无损检测单位的射线检测作业人员缺乏责任心，在进行射线拍片时，未根据检测工艺要求放置像质计，在拍片的环节就出现问题，最终导致拍出的底片不符合标准要求。根据标准要求，应该有像质计影像的射线底片未见像质计影像，那么从底片评定的角度分析，底片的初评就不能通过，应该根据标准要求进行补拍后重新评定。但是，该项目的无损检测单位初评通过，复评依然通过，质量管控层层失守，如果任何一个环节尽职尽责都不会有这样的问题出现。

2. 一张合格的射线底片需要拍片、洗片、评片多个环节的管控，任意一个环节出现问题都可能导致底片质量不合格，最终导致射线底片无法归档，给工程建设项目埋下质量隐患。因此，检测单位在后续的射线检测作业管理中，要强化对各环节检测人员检测工艺执行情况的管控，加强检测人员加强对检测标准条款的学习理解，提高射线底片评定人员的责任心，让复评真正发挥应有的作用，重点关注射线底片质量。

3. 监理单位专业工程师也要加大对无损检测单位底片的抽查力度，充分发挥监理单位的作用。

案例 2　无损检测人员符合性问题

【问题描述】

2019 年 12 月，福建省福州市某站场项目。质量监督工程师发现该项目无损检测单位射线底片评定人员和渗透检测人员的体格检查表无视力或矫正视力实测数值，无辨色力测试结论，缺少检测标准中明确要求的测试项目。从事射线底片评定人员和渗透检测人员的基本条件不符合标准要求，将会对无损检测结果评定造成影响，进一步影响工程实体质量。

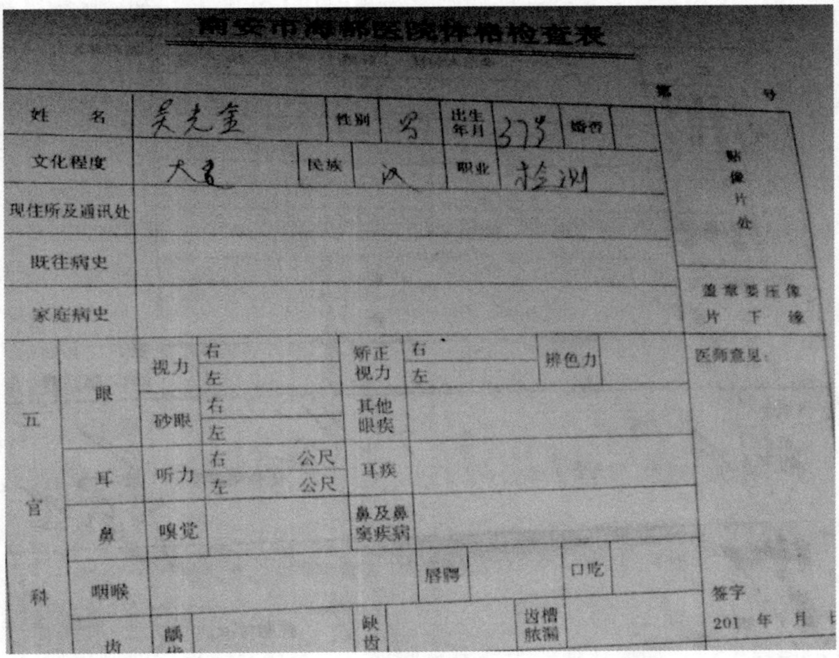
体格检查表
姓名　性别　出生年月　婚否
文化程度　民族　职业
现住所及通讯处
既往病史
家庭病史
贴像片处
盖章要压像片下缘
五官科
眼　视力　右　左　矫正视力　右　左　辨色力
砂眼　右　左　其他眼疾
耳　听力　右　公尺　左　公尺　耳疾
鼻　嗅觉　鼻及鼻窦疾病
咽喉　唇腭　口吃
齿　龋齿　缺齿　齿槽脓漏
医师意见：
签字
201　年　月　日

【监督依据】

该问题不符合检测标准《石油天然气钢质管道无损检测》（SY/T 4109—2013）第 3.4.3 条“2）射线底片和图像评定人员未经矫正或经矫正的近（距）视力和远（距）视力不应低于 5.0（小数记录值为 1.0）”“5）从事渗透检测的工作人员不应有色盲”的规定。

【案例评析】

1. 该问题反映出无损检测单位项目管理人员对标准要求不熟悉，未严格根据标准要求对项目从事无损检测作业的人员进行体检测试，对体检报告的内容未认真核对，导致体检测试结论不符合标准要求。

2. 该问题也反映监理单位对无损检测单位报审人员未严格审查，忽视对无损检测人员体检测试报告中重要参数的审核。

【问题处置】

1. 工程质量监督机构对该问题无损检测单位下达《建设工程质量问题整改通知书》，责令限期整改。

2. 无损检测单位根据检测标准《石油天然气钢质管道无损检测》（SY/T 4109—2013）的要求，到正规医疗机构重新对射线底片评定人员视力和渗透检测人员的辨色力进行测定，并提供符合标准要求的测试报告。

3. 监理单位对无损检测单位问题整改情况进行复核，如发现相关人员测试结果不合格，需要对该人员所有的评定结果进行重新检测和评定。

【经验教训】

1. 无损检测人员的视力和辨色力对射线底片评定、渗透检测的结果有重要的影响。由于检测人员的视力根据工作情况和年龄的变化而变化，检测标准中对这两个专业的从业人员的从业条件有明确要求，并且应每年检查一次视力，视力降低将会造成射线底片缺陷的漏评，渗透检测人员存在色盲将会影响对渗透检测结果的判定。无损检测人员在取证和换证时，考核机构都要求提供视力和辨色力证明。但是，无损检测资质证书的换证周期是 5 年，只有在换证时考核机构才要求提供视力和辨色力证明文件。因此，在对无损检测人员的检查中，要重点关注人员视力和辨色力每年的测试情况。

2. 本案例中的射线底片评定人员视力和渗透检测人员辨色力根据检测标准《石油天然气钢质管道无损检测》（SY/T 4109—2013）要求，应每年检查一次，由于射线底片评定工作需要长期大量用眼，检测人员的视力会发生变化。因此，在对无损检测人员的检查过程中，检查人员从业资格的同时，也要关注人员检测能力的检查。

3. 无损检测单位项目管理人员和监理单位的专业工程师要重视对人员视力的检查。无损检测单位在以后的工作中要加强对本单位专业技术人员的管理，对影响检测结果的评定人员要认真自查符合性。检测单位项目管理人员要认真学习相关检测标准的要求，对外部返回的检查报告要认真核对信息，不盲目接收。

4. 监理单位在审查检测单位报审人员资格的同时，也要重点关注项目检测人员视力和辨色力的测试情况，防止不符合标准要求人员参与现场检测工作，导致检测结果受到影响。

案例 3　渗透检测工艺纪律执行问题

【问题描述】

2020 年 07 月，浙江省宁波市某储罐项目。质量监督工程师在对无损检测单位渗透检测情况进行质量监督检查时，发现编号 A71 的储罐底板焊缝存在多余渗透剂去除不足（见右图）的情况，造成对缺陷显示识别困难，影响渗透检测结果的评定。

【监督依据】

该问题不符合检测标准《无损检测　渗透性检测》(ISO 3452-1：2013）第 8.5.6 条“多余渗透剂去除效果检查，过度的背景通常需要重新处理”的要求。

【案例评析】

1. 该问题反映出，该项目无损检测单位现场渗透检测人员责任心不强，未严格执行检测标准和操作指导书的要求，关键的渗透剂去除程序执行工艺要求不到位，在未完全去除渗透剂的情况下施加显像剂，最终导致渗透检测结果评定困难。

2. 该问题也反映监理单位对无损检测单位现在渗透检测作业的监管不到位，未及时对渗透检测的情况进行巡查。

【问题处置】

1. 工程质量监督机构对该问题无损检测单位下达《建设工程质量问题整改通知书》，责令限期整改。

2. 无损检测单位根据检测标准《无损检测　渗透性检测》（ISO 3452-1：2013）和渗透检测操作指导书的要求，重新对该焊口进行渗透检测，并根据检测结果重新进行评定。

3. 监理单位对无损检测单位问题整改情况进行见证、检查。同时，要加强对储罐底板焊缝和相关检测人员的监管。

【经验教训】

1. 渗透检测是检测表面开口缺陷的重要方法，在渗透检测中，多余渗透剂的去除是决定渗透检测结果评定的重要程序，如果多余的渗透剂去除不到位，将会在喷涂显像剂后产生过度的背景，导致渗透检测结果无法评定。如果渗透剂去除过度，将不连续中的渗透剂也一起除去，将会导致喷涂显像剂后不连续无法显示。因此，多余渗透剂的去除要严格执行标准中的要求进行操作。

2. 本案发现的问题是渗透检测作业过程中常见的问题，渗透检测人员在进行渗透剂的去除时，由于人员责任心不强，未严格执行检测标准的要求，经常会出现渗透剂去除不到位的情况，进而产生过度背景，导致不连续无法显示，导致缺陷的漏检，储罐底板焊缝危害性缺陷的漏检将会产生严重的后果，通过本案的问题总结出以下经验：

（1）检测单位要重视对本单位无损检测人员执行检测工艺情况的检查，对相关渗透检测人员进行相关技术交底，明确渗透剂的去除要求，加强对相关检测人员作业过程的监督，加强对检测人员责任意识的培养。

（2）监理单位专业工程师也要对类似问题进行排查，加强对储罐底板焊缝渗透检测作业和相关检测人员的监管，防止因缺陷漏检对工程质量造成严重影响。

案例 4　渗透检测验收等级与设计要求不符合的问题

【问题描述】

2020 年 05 月，广东省惠州市大亚湾区某石油化工项目。质量监督工程师在抽查该项目无损检测单位的过程资料时，发现某储罐焊缝的渗透检测委托单、渗透检测记录、渗透检测报告中合格级别栏目均填写Ⅱ级。核对设计文件，发现设计文件中规定该储罐渗透检测应按《承压设备无损检测　第 5 部分：渗透检测》（NB/T 47013.5—2015）规定的Ⅰ级验收合格，无损检测过程资料中填写验收级别与设计文件要求不符。

SINO/PMC项目	压力容器无损检测委托单 （第1页/共1页）		(承包商适用)
工程名称	60万吨/年POD装置及配套工程	单元名称	P002罐区
委托单位	中国化学工程第六建设有限公司	委托单编号	CSPC-2810-T-2817-PT-0001
容器名称	DMC1TWILIGHT罐	容器编号	T-2817
容器类别	/	介质/压力	DMC-TWLIGHT/0.0025
容器规格	500m³	材质	Q235B
检测时机	外观检查合格后	检测方法	PT
检测比例	100%	检测标准	NB/T47013.5-2015
合格级别	II	技术等级	/

序号	焊缝编号	焊工号	规格（长度/厚度） mm	焊接方法	焊接日期
1	T1(根部)	LHJ1009	δ=8 L=200/200/200	SMAW	2019.11.2
2	T2(根部)	LHJ1009	δ=8 L=200/200/200	SMAW	2019.11.2
3	T3(根部)	LHJ1009	δ=8 L=200/200/200	SMAW	2019.11.2
4	T4(根部)	LHJ1006	δ=8 L=200/200/200	SMAW	2019.11.2
5	T5(根部)	LHJ1006	δ=8 L=200/200/200	SMAW	2019.11.2
6	T6(根部)	LHJ1006	δ=8 L=200/200/200	SMAW	2019.11.2

无损检测委托单合格级别Ⅱ级

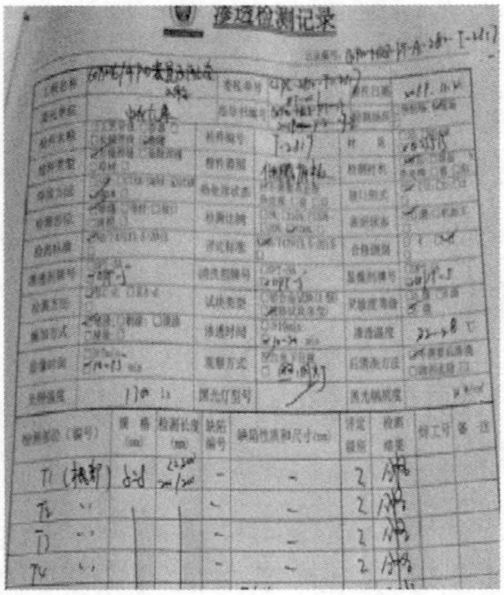

渗透检测记录

渗透检测记录合格级别Ⅱ级

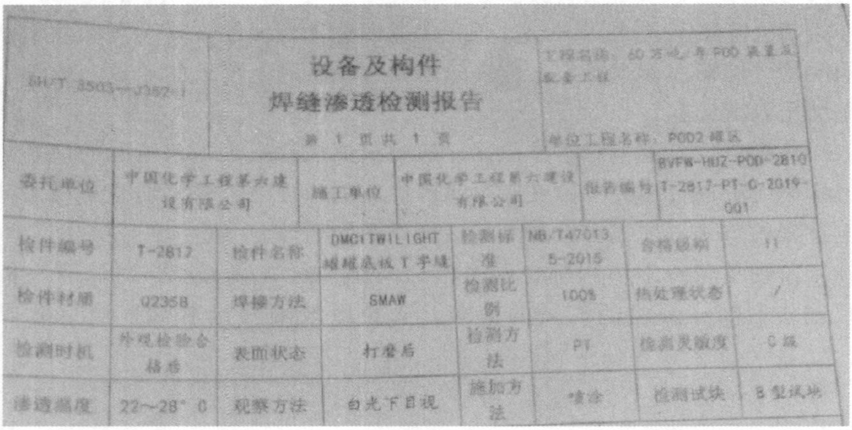

SH/T 3503—J362-1	设备及构件 焊缝渗透检测报告 第1页共1页			工程名称：60万吨/年POD装置及配套工程 单位工程名称：P002罐区			
委托单位	中国化学工程第六建设有限公司	施工单位	中国化学工程第六建设有限公司	报告编号	BVFW-HHZ-POD-2810 T-2817-PT-O-2019-001		
检件编号	T-2817	检件名称	DMC1TWILIGHT罐罐底板T字缝	检测标准	NB/T47013.5-2015	合格级别	II
检件材质	Q235B	焊接方法	SMAW	检测比例	100%	热处理状态	/
检测时机	外观检验合格后	表面状态	打磨后	检测方法	PT	検测灵敏度	C级
渗透温度	22~28°C	观察方法	白光下目视	施加方法	喷涂	检测试块	B型试块

渗透检测报告合格级别Ⅱ级

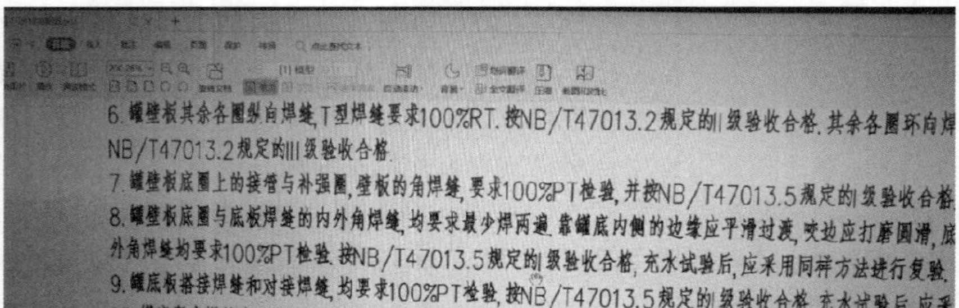

6. 罐壁板其余各圈纵向焊缝,T型焊缝要求100%RT.按NB/T47013.2规定的II级验收合格.其余各圈环向焊
NB/T47013.2规定的III级验收合格.
7. 罐壁板底圈上的接管与补强圈,壁板的角焊缝,要求100%PT检验,并按NB/T47013.5规定的I级验收合格
8. 罐壁板底圈与底板焊缝的内外角焊缝,均要求最少焊两遍.靠罐底内侧的边缘应平滑过渡,咬边应打磨圆滑,底
外角焊缝均要求100%PT检验.按NB/T47013.5规定的I级验收合格.充水试验后,应采用同样方法进行复验.
9. 罐底板搭接焊缝和对接焊缝,均要求100%PT检验,按NB/T47013.5规定的I级验收合格.充水试验后,应采

《T2818装配图》PT检验按NB/T 47013.5规定的Ⅰ级验收合格

【监督依据】

该问题不符合设计文件《T2818 装配图》中第 9 条“罐底板搭接焊缝和对接焊缝，均要求 100%PT 检验，按《承压设备无损检测　第 5 部分：渗透检测》（NB/T 47013.5—2015）规定的Ⅰ级验收合格”的要求。

【案例评析】

1. 根据《立式圆筒形钢制焊接储罐施工规范》（GB 50128—2014）第 7.2.9 条中规定渗透检测部位不得存在任何裂纹和白点，并应按现行行业标准《承压设备无损检测　第 5 部分：渗透检测》（NB/T 47013.5—2015）的规定进行缺陷等级评定，焊接接头的质量应不低于标准规定的Ⅱ级。但是，在进行渗透检测委托时，委托方人员只参考了上述规范的要求，并未认真核对设计文件的要求，造成委托单的验收级别填写Ⅱ级，与设计文件要求不一致的情况出现。

2. 渗透检测的验收等级决定不同类型、长度的缺陷是否验收，验收等级Ⅰ级比验收等级Ⅱ级更严格，执行低的验收等级将会造成不能通过验收的缺陷通过验收，为工程质量埋下隐患。

3. 该问题反映监理单位对无损检测单位委托单内容审核不严谨，未认真根据设计文件要求审核委托单中的重要信息，盲目在委托单上签字确认。

4. 该项目无损检测单位委托单接收人员未严格审查委托单内容，盲目接收委托单，相关技术文件审核人员也未认真核对验收级别要求，一错再错，导致最终出具的检测报告的验收等级与设计文件中要求的不一致。

【问题处置】

1. 要求无损检测单位根据设计文件的验收等级要求，排查已经进行检测过的焊缝，发现评定等级与设计文件要求不一致时，应根据渗透检测工艺重新进行渗透检测。并重新评定检测结果、重新出具检测报告。

2. 监理单位对无损检测单位问题整改情况进行见证、复核。

【经验教训】

1. 无损检测委托单是开展无损检测工作的重要技术文件，不能仅仅是委托方和接受方签个字、走个形式，责任双方都需要认真核对无损检测委托单上的各项信息，确认无误后方可签字。无损检测委托单上的各项信息，决定后续无损检测技术人员编制检测工艺，现场检测人员执行检测工艺，评定人员评定检测结果，如果无损检测委托单出现错误，将会导致后续的各项环节都出现错误。因此，无损检测委托单的发出方要严格审核信息，接收方在接收前也要严格审核委托单上的信息。

2. 监理单位专业工程师在审核无损检测委托单重要信息时，不能只参考标准规范的要求，还要认真核对项目设计文件的要求。在以后的工作中要加强对类似问题的排查，加强对储罐焊缝渗透检测的监管，避免因验收级别、要求不同造成不合格缺陷通过验收。

3. 无损检测单位的委托单接收人员应是相关专业人员，避免非专业技术人员接收委托单、盲目签字确认的情况。专业技术人员接收委托单时，还要认真核对委托单的信息，相关专业技术人员编制检测工艺时，也要参考项目技术文件和相关标准规范的要求，综合考虑，审核人员也要认真审核检测工艺，各环节都要负起责任才能把无损检测工作做好。

案例5　无损检测记录人员代签字、日期涂改问题

【问题描述】

2020 年 5 月，广东省惠州市大亚湾区某石油化工项目。质量监督工程师在抽查无损检测单位磁粉检测返修焊口记录时，发现编号 JL-CSPC-754-B-401D-SB-MT-0002 和编号 JL-CSPC-754-B-401D-SB-MT-0002R1 两份磁粉检测记录中，复核人签字笔迹不一致，检测日期处存在涂改。

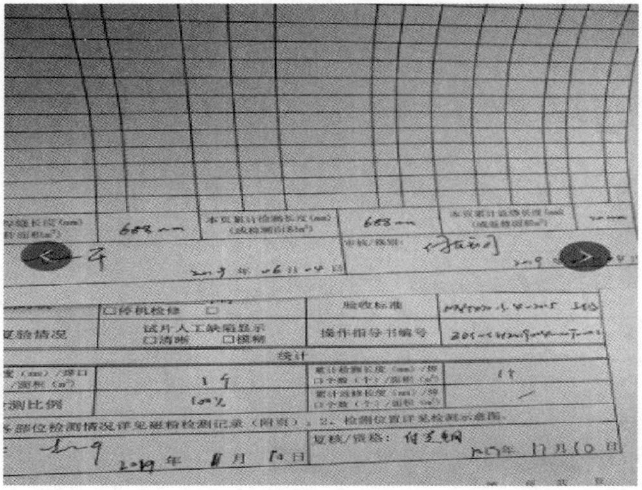

【监督依据】

1. 该问题不符合《承压设备无损检测　第 1 部分：通用要求》（NB/T 47013.1—2015）第 7.3.2 条“无损检测记录应真实、准确、完整、有效，并经相应责任人员签字认可”的要求。

2. 该问题违反《特种设备检验检测机构质量管理体系要求》（TSG Z7003—

2004）第二十八条第四款“当记录中出现错误时，对记录的所有改动应当有改动人的签名和日期”的规定。

【案例评析】

1. 该问题的磁粉检测记录是一道返修焊口的原始记录和返修后记录，质量监督人员在检查两份记录时，发现两次记录的审核人签字笔迹明显不同，无损检测记录的审核是非常重要的，相关标准中已经明确规定无损检测记录应经相应责任人员签字认可。但是，无损检测单位出现非责任人员代审核人员签名，无法证实该份记录经过专业技术人员审核通过，相关人员质量意识淡薄，当出现质量安全事故时，代签字人员也要承担相应的责任。因此，无损检测记录必须经相应的责任人员签字认可。

2. 无损检测记录出现错误时，涂改后可能造成真实的情况无法体现，无法体现修改人员的信息，无法识别真实的参数或日期，影响后续无损检测报告的出具。因此，当无损检测记录出现错误时，应根据《特种设备检验检测机构质量管理体系要求》对记录的改动有改动人的签名和日期。

3. 该问题反映出该项目无损检测单位质量管理体系执行不到位，相关人员对相关标准规范和本单位的质量管理文件的要求不熟悉，应加强对本项目人员诚信意识和质量管理文件方面的培训学习，增强诚信意识和质量意识。

【问题处置】

1. 要求无损检测单位根据标准规范要求进行整改，由磁粉检测专业相应的责任人员审核签字确认。同时，要求检测单位加强对本单位人员的教育，避免类似问题再次出现。

2. 监理单位对无损检测单位问题整改情况进行复核，加强对无损检测过程记录的监控。

【经验教训】

1. 本案中涉及的磁粉检测原始记录是原焊口和返修焊口的记录，是体现磁粉检测作业过程的重要技术文件，要做到真实、准确、完整、有效，检测单位和监理单位专业技术人员应重点关注。

2. 磁粉检测记录的检测人和审核人都需要由相应的责任人签字，并承担相应的法律责任，出现质量安全事故时，可以根据原始记录追溯到相应的责任人。

3. 无损检测记录填写错误时，应该根据相应的要求进行修改，随意涂改将会造成原始记录信息不准确。

4. 无损检测单位要重视对无损检测过程记录的控制和管理，对本单位人员进行诚信意识和质量管理文件的培训和学习，增强诚信和质量意识，让本单位人员真正意识到此类问题的严重性，避免再次出现同类问题。

案例 6 射线底片黑度超标问题

【问题描述】

2020 年 5 月，广东省惠州市大亚湾区某石油化工项目。质量监督工程师在抽查无损检测单位射线底片时，发现扩探焊口编号 150TW145001-49K1（3-4）的射线底片黑度实测值为 5.20，超过标准黑度上限要求，影响射线底片的评定。

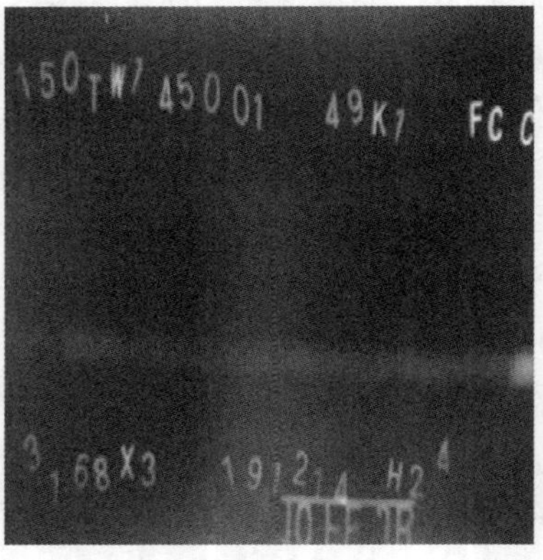

黑度超标射线底片

射线底片黑度实测值为 5.20

【监督依据】

该问题不符合检测标准《承压设备无损检测 第 2 部分：射线检测》（NB/T 47013.2—2015）第 5.16.1.1 条“单胶片透照技术，单底片观察评定，底片评定范围内的黑度 D 应符合下列规定：……AB 级：$2.0 \leqslant D \leqslant 4.5$”的要求。

【案例评析】

1. 黑度是评定底片质量的重要指标，通常用黑度计进行测量，黑度过高或过低都会导致缺陷无法识别。因此，射线底片评定人员在评片前应对射线底片黑度进行测试，对实测黑度数值超过或低于标准要求的射线底片，需要重新进行透照拍片。目前，有部分射线底片评定人员未严格执行检测工艺要求，仅通过个人评片经验和观感判断黑度是否超标，这就容易出现底片黑度超过或低于标准范围的情况，如果复评人员不认真复核，黑度不合格的底片将会通过评定。

2. 该问题反映出，该项目无损检测单位射线底片评定人员未严格按照标准要求进行评定，忽视决定底片质量合格与否的重要参数，未对底片黑度进行实测，凭个人经验和观感评片，责任心不强。复评人员未认真对底片进行复评，射线底片的复评存在走形式的情况，如果初评和复评人员有一位根据标准规定认真评定都不会出现此类问题。

3. 该问题也反映监理单位对无损检测单位的射线底片审查不到位、不全面，对返修和扩探等重要的射线底片应重点复查。

【问题处置】

1. 要求无损检测单位根据检测标准要求，重新对该焊缝进行拍片，评片人员根据检测标准要求实测该焊缝底片黑度，射线底片质量满足要求后重新进行初评和复评。

2. 监理单位对无损检测单位问题整改情况进行见证、复核。

【经验教训】

1. 在底片的评定过程中，不能只关注底片是否存在缺陷，把精力重点放点对缺陷的评定上，在评片前一定要检查射线底片本身的质量是否符合要求，判断射线底片黑度时一定要用黑度计进行实测，如实记录射线底片的黑度数值，不能凭借个人经验和观感来判断，要以仪器实测的数值为准。

2. 无损检测单位在以后射线检测专业的管理中，要加强对射线底片评定人员责任心和执行力的培养，相关专业的负责人和责任师要严格根据标准要求复评射线底片，复评时重点关注射线底片的黑度是否超标，如果射线底片本身质量不合格，底片拍得再好也是废片，需要重新补拍。

3. 监理单位专业工程师也要对类似问题进行排查，加强对无损检测单位射线底片质量和黑度范围的监管，防止同类问题再次发生。

案例 7　检测设备、器材管理问题

【问题描述】

2018 年 12 月，贵州省黔西南州晴隆县某长输管道项目。质量监督工程师在对该项目检测单位质量行为抽查过程中，发现检测单位 X 射线探伤仪缺少曝光曲线，超声波探伤仪缺少校准报告，观片灯缺少测试报告，密度片缺少检定证书，黑白密度计缺少校准报告。

【监督依据】

该问题不符合《特种设备检验检测机构质量管理体系要求》（TSG Z7003—2004）第十九条“（二）检验检测设备及其软件应当达到要求的准确度，并且符合检验检测相应的规范要求。检验检测设备在投入工作前应当进行检定（校准）、核查，以验证其能够满足检验检测的需要。有检定（校准）要求的检验检测设备，应当使用适宜标识表明其检定（校准）状态”的要求。

【案例评析】

检测单位现场管理人员和能力不足，现场设备管理失控。面对日常检测工作量较大、动用检测设备多、检测作业环境差的长输管道项目，一名项目经理和一名专业责任师的管理配置，应付日常的检测工作和内外部沟通工作尚显不足，更谈不上对检测设备管理，这为检测工作质量带来巨大的管理风险。

【问题处置】

1. 质量监督工程师要求检测单位项目部要配备足够的、有设备管理能力的人员，清查本项目所使用的各类检测设备、器材，对其性能指标进行检定/校准。性能符合所实施检测标准要求的，对其检测结果予以认可。性能不符合检测标准要求的，检测结果不予认可，须选择合格设备，重新实施检测和出具检测结果。

2. 建议检测单位建立检测设备管理台账，制订具体的检定/校准计划，实施滚动管理，确保各类检测设备得到及时的检定/校准。另外，也应及时对检定/校准结果进行确认，明确其具体工艺参数和使用范围，确保其性能可以满足具体检测标准的要求。

【经验教训】

1. 工欲善其事，必先利其器。检测工作的顺利实施，离不开性能优良的检测设备。检测工作质量的监督应重点关注检测设备的管理，而计量管理又是设备管理的重中之重。设备计量包括检定、校准、测试等，既是实现量值溯源的重要形式，也是确保量值准确可靠的技术措施。检定是根据设备使用条件，依照检定规程对设备的计量性能进行评定。其检查内容、周期具备法定性和强制性。校准和测试是设备使用单位根据自身需要，按照技术规范或者标准对设备的量程或示值误差水平予以测量、确定。其检查内容、周期受具体检测标准约束，具有不确定性。严格来说，应用于特种设备无损检测的设备并不需要强制性的检定，在日常监督工作中要区别对待。

2. 监督检查过程中还应重点关注检测单位对检定/校准/测试结果的确认。检定/校准/测试结果的确认主要包括两方面，一个是基本信息的确认，一个是技术信息的确认。前者主要是指检定校准机构的资质及测量范围、检定校准证书上记载的检测机构及检定校准设备信息，后者是指需要检定/校准/测试的参数是否全部完成、结果是否符合预期使用要求、计量溯源性信息、测量结果的测量不确定度信息等几方面内容。另外设备检定/校准状态标识、数值修约修正等信息也是监督检查关注的重点。

案例 8　检测所用胶片不合规问题

【问题描述】

2018 年 12 月，北京市平谷区某长输管道项目。质量监督工程师在对该项目检测单位质量行为抽查过程中，发现检测单位批次号为 8573013 的 AGFA C7 胶片的质量证明文件缺少胶片特性曲线、类别及参数，缺少验收记录。

【监督依据】

该问题不符合《石油天然气钢制管道无损检测》（SY/T 4109—2013）第 4.2.2 条“……胶片制造商应对所生产的胶片进行性能测试并提供类别和参数。胶片的本底灰雾度不应大于 0.3。使用进口胶片时，应保证其类别与本标准规定的类别相对应”的要求。

【案例评析】

1. 检测单位未按程序对检测工作质量有影响的耗材进行测试和验收。AGFA 系列胶片为进口胶片，其产品标准均为国外相关规范（ASTM、ISO 等），具体参数和胶片等级划分与 SY/T 4109 有差别，故而在使用前对其性能进行测试和验收是必不可少的。

2. 检测单位项目管理人员质量管理意识较差，认为该类胶片在其他项目中大规模使用，性能稳定可靠，没必要对此类材料验收。

【问题处置】

1. 质量监督工程师要求检测单位暂停该批次材料的使用并立即进行胶片性能测试，根据测试结果制定已使用部分胶片的处置方案。如果测试结果不满足 SY/T 4109—2013 第 4.2 条“射线胶片”的要求，则该批次胶片不得应用于本工程，已使用的部分应作废片处理，选择合格的胶片重新实施检测。

2. 质量监督工程师要求检测单位严格执行检测材料验收程序。在检测作业实施前，对检测材料及时进行测试和验收，并做好测试和验收记录。

【经验教训】

1. 质量监督工程师应重点关注胶片验收管理。胶片性能对检测工作质量产生直接影响。一般来说，胶片灰雾度不超过 0.3 时，对射线底片成像质量影响不大。但是灰雾度过大，将损害底片成像的对比度和清晰度，进而导致灵敏度降低，影响成像质量。胶片分类、分级的依据是 4 个成像特性参数，即胶片黑度 $D=2.0$ 和 $D=4.0$ 时的最小梯度 G_{min}、黑度 $D=2.0$ 时的最大颗粒度 σ_{max} 和最大梯度噪声比 $(G/\sigma)_{max}$。不同的检测标准对胶片的分类、分级不尽相同，对胶片等级的要求也不尽相同。胶片供货商/生产商应以文件形式（质量证明书）明确胶片分类，提供胶片特性数据。采购单位用自己的暗室处理工艺测试胶片特性参数（本底灰雾度、速度系数、对比度系数）并与胶片供货商/生产商提供的质量证明书相比较，以确定是否能接受。

2. 质量监督工程师在对检测材料实施监督时，还应着重关注检测对象对检测材料的要求。一般来说，对像质要求较高的检测工艺（如对有延迟裂纹倾向材料的检测），优选梯度噪声比较大的胶片。对于工件较薄、射线线质硬、工件材料等效系数低时，宜选用梯度噪声比较大的胶片。在满足像质的前提下，为缩短曝光时间、提高检测效率，可选用梯度噪声比较小的胶片。

3. 质量监督工程师还应了解检测材料质量控制一般原则。首先要满足产品技术条件、标准、使用的要求，且在有效期内。其次是重要无损检测材料（胶片、显影液、定影液、渗透剂等）在入库前应复验。最后是在选用检测材料时，还应考虑检测作业过程中涉及的物质之间的兼容性，对于具有时效性或鲜活性的检测材料（显影液、定影液），应适时更换。

案例 9　检测所用像质计不合格问题

【问题描述】

2019 年 3 月，福建省莆田市秀屿区某 LNG 储罐项目。质量监督工程师在对该项目检测单位检测工作质量抽查过程中，发现底片 FW0221015-7-6（规格材质：∅114×9/ASTM C70600）像质计灵敏度不够，底片不合格，从而无法对焊缝实体质量实施评定。

【监督依据】

该问题不符合欧洲标准《无损检测——熔化焊缝射线照相检验》（EN 1435：1997）第 5.7 条“双壁透照时，当像质计放在胶片侧时，可不做上述对比试验，此时应参照附录 B 给出的表确定”的要求。根据附录 B 表 B5.18≥双壁透照厚度>12 mm，应能清晰识别 W12 号丝，而实际上仅能识别 W11 号丝。

【案例评析】

1. 该检测单位在实施检测前未编制有针对性的射线检测作业指导书。在实际检测过程中，检测人员未接收到技术交底，也未获得射线检测作业指导书的有效指导，仅依照平时作业习惯，选用了钢质像质计。由于钢质材料吸收系数小于铜质材料吸收系数，显像能力较差，导致底片像质计灵敏度不足的后果。

2. 针对特殊材料的检测，检测单位的重视程度不足。检测单位认为采用钢质像质计代替铜制像质计，属于以高灵敏度代替低灵敏度的做法，从理论上是可行的，属“以高代低”。但是检测单位未能有针对性地调整透照参数（如适当降低管电压、增大焦距和曝光量）和冲洗条件，确保底片质量。

3. 总承包单位、监理单位在工程后期管理松懈，所属无损检测工程师先后撤场或休假，未及时对底片实施复评，造成监管失控。

【问题处置】

1. 质量监督工程师责令检测单位制定新的射线检测工艺（选用铜质像质计），做好检测前的技术交底工作，重新对所有的铜镍合金焊缝实施检测。

2. 质量监督工程师要求总承包单位、监理单位履行合同义务，加强工程后期检测工作质量的监管力度，以确保工程如期保质交付。

【经验教训】

1. 检测材料的选择应有针对性。本案中被检工件材质是牌号为 ASTM C70600 铜镍管，其主要成分为 Cu（90%）、Ni（10%）。根据《用于储存操作温度介于0～−165 ℃的低温液化气体的现场建造立式圆筒型平底钢制储罐的设计和建造 第二部分：金属部件》（EN14620.2：2006）第 9.10 条要求射线检测应执行《无损检测——熔化焊缝射线照相检验》（EN 1435：1997）B 级检测。《无损检测——熔化焊缝射线照相检验》第 5.7 条要求图像质量指标（IQI，国内称像质计灵敏度或像质指数）应参照标准《无损检测——射线底片质量 第 1 部分：线型像质计 图象质量评估》（EN 462-1：2008）或《无损检测——射线底片质量 第 2 部分：梯级或孔型像质计 图象质量评估》（EN 462-2：2008）执行。根据《无损检测——射线底片质量 第 1 部分：线型像质计 图象质量评估》第 5.1 条表 2 规定，该材料的吸收系数与铜质像质计的吸收系数较为接近，应采用铜质像质计制定检测工艺。在监督工作中，应重点抽查特殊材料的检测工作质量。

2. 射线检测工作前的技术交底是必不可少的。通过技术交底，让射线透照人员能充分了解检测对象的特点，切实掌握检测技术的针对性要求及灵活处置检测过程中遇到的问题等，保证检测工艺的顺利、有序实施，降低各类质量通病，提高底片质量。质量监督工程师不应忽视检测单位技术交底这一部分内容。

3. 建设工程验收阶段，各方责任主体急于完成项目各节点进度，更容易忽视无损检测工作质量。

案例 10 检测设施、环境问题

【问题描述】

2021 年 3 月，浙江省宁波市大榭开发区某歧化装置及配套项目。质量监督工程师在对该项目检测单位质量行为抽查过程中，发现检测单位暗室干、湿区域未分离，缺少温湿度控制设施（环境相对湿度 81%，偏高），缺少温湿度监控记录。

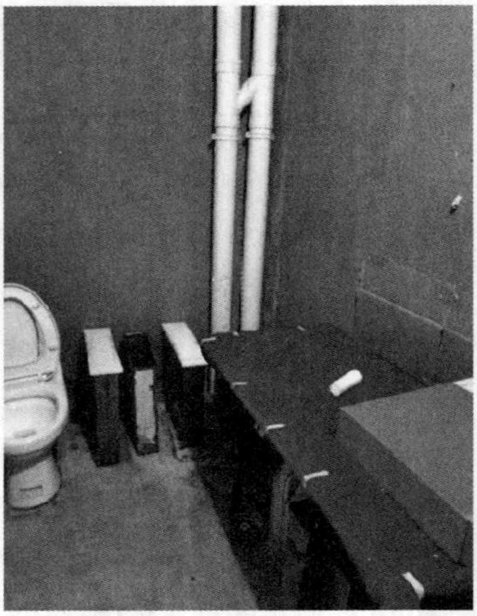

【监督依据】

该问题不符合《特种设备检验检测机构质量管理体系要求》（TSG Z7003—2004）第二十条“检验检测机构的设施和环境条件应当满足以下要求：（一）设施和环境条件应当达到检验检测要求，使其有助于检验检测的正确实施，并且确保其条件不会使检验检测结果无效，或者对检验检测质量产生不良影响。（二）设施和环境条件对结果质量有影响时，检验检测机构应当监测、控制并且记录设施和环境条件……”的要求。

【案例评析】

1. 检测单位项目部资源投入达不到要求是造成本案问题的主要原因。项目部配置的暗室面积较小，干、湿区域无法分开，不仅不方便装片、洗片的操作，而且极易增加胶片或者底片遭受化学污染的概率。暗室内缺少温湿度控制设施，不仅影响显、定影液的温度，对底片的存放期限也有直接影响。

2. 监理工程师缺乏检测工作质量的管控能力，疏于监管，未能及时对检测单位的暗室布置进行有效的检查。

【问题处置】

1. 质量监督工程师要求检测单位立即整改，改善暗室布置，增添空调等温湿度控制设施，设置专人定期监控暗室环境温湿度，并做好监控记录。

2. 质量监督工程师要求监理单位全过程跟踪暗室问题的整改，切实履行工程监理职责。

【经验教训】

1. 检测环境条件是影响检测工作可靠性的重要环节，是决定检测工作质量的重要因素。各类无损检测技术对检测环境均有具体的要求，如超声波检测和渗透检测对工件温度的要求、目视检测对环境光照度的要求、荧光磁粉检测对黑光的辐照度要求等。检测环境条件还会对检测人员的生理和心理状况产生相应的影响，进而影响检测结果。

2. 暗室是射线检测工作必不可少的基础设施。暗室的布置应考虑防辐射的要求，不但是怕胶片感光，更会影响操作人员的健康。暗室遮光性应当良好，为防止胶片额外感光，无论是显影过程还是透照前的胶片装入暗袋的过程，是不允许室外光透入的。暗室应有适当的空间且工器具布置合理，以确保忌潮湿的装片操作和大量用水的显、定影操作互不影响。暗室应有良好的通风，暗室操作会产生醋酸等气体，会影响操作人员健康，还易引起电器漏电，对存放的检测材料也会产生不利影响。暗室应有保持一定温湿度的能力，暗室的温度和湿度是胶片冲洗处理技术的重要参数（显影、定影温度是必须载入检测报告的），也是底片保存有效期的重要因素。另外安全用电和保持清洁也是暗室管理的重要内容。由于对检测环境的监督检查不便于现场实施（大多是通过抽查各类检测记录来实现），所以在日常监督过程中应重视暗室环境的实地检查。

案例 11　检测工艺纪律执行问题

【问题描述】

2021 年 4 月，浙江省宁波市大榭开发区某仓储项目。质量监督工程师在对该项目检测单位的底片抽查过程中，发现检测单位 T209 罐底板对接焊缝底片，其返修部位底片的像质计灵敏度不够，搭接标记缺失。

【监督依据】

该问题不符合《承压设备无损检测　第 2 部分：射线检测》（NB/T 47013.2—2015）第 5.16.2 条表 5“线型像质计灵敏度值—单壁透照、像质计至于射线源侧”AB 级公称厚度为 $10<T\leqslant15$ 像质计灵敏度可识别丝号至少为 12 mm 的要求和第

5.16.3 条“底片上，定位和识别标记影像应显示完整、位置正确”的要求。

【案例评析】

1. 检测单位未严格按照检测作业指导书实施检测活动，检测工艺纪律执行不严格。为提高检测效率，检测人员提高透照的管电压以减少透照时间和暗室处理时间，这样造成底片的曝光率不足，造成了像质计灵敏度不足，底片质量不满足要求。由于检测人员粗心，未放置搭接标记或搭接标记脱落，造成底片搭接标记缺失。底片评定人员未严格按照检测标准要求对底片质量进行评定，认为缺陷部位已经返修，便作出合格的评定。

2. 由于项目检测工作内容较少，检测单位对项目不重视、支持力度不够、资源投入不足和疏于内部监管。也未按照企业质量管理体系要求，对其检测工艺纪律的执行进行定期或不定期的抽查。

【问题处置】

1. 质量监督工程师要求检测单位严肃检测工艺纪律，严格按照检测作业指导书重新实施射线检测，并在监理单位的监督下对所有底片实施复评。对于底片质量复评不合格的，重新制定工艺和实施检测。

2. 质量监督工程师要求监理单位全过程监督检查底片质量复评工作，确保底片质量。

【经验教训】

1. 没有规矩，不成方圆。严格执行检测工艺纪律是提高检测工作质量的重要保证。通过对检测工艺纪律的检查，可以确保无损检测活动过程受控，可以确保法律法规和技术标准正确贯彻执行，可以确保检测方法选用合理、检测结果可信。

2. 检测单位应按照企业质量管理体系文件要求，定期或不定期地对项目进行检测工艺纪律的抽查并保留相关记录。抽查活动应结合检测记录、检测结果(底片或者报告)、检测作业指导文件等对检测工艺纪律进行全方位的考核。包括但不限于检测人员资格、具体工艺参数的选择、检测过程的实施、底片质量、检测结果评定等。

3. 质量监督工程师可以结合检测工作质量来验证检测单位《检测工艺纪律监督检查记录》的真实性和有效性，进而对检测工作质量作出定性的判断。

案例 12　现场复验漏评裂纹的问题

【问题描述】

2021 年 10 月，天津市滨海新区南港工业区某基地项目。质量监督工程师在对该项目检测单位的底片抽查过程中，发现底片 JG-CA-36-(5-6) 存在疑似裂纹的缺陷显示。

【监督依据】

该问题不符合《承压设备无损检测　第2部分：射线检测》(NB/T 47013.2—2015) 第7.1.4条关于钢、镍、铜制承压设备管子及压力管道熔化焊环向焊接接头质量分级的一般规定“Ⅱ级和Ⅲ级焊接接头内不允许存在裂纹、未熔合以及加垫板单面焊中的未焊透”的要求。

【案例评析】

1. 检测单位底片评定人员能力和责任心不足。对于底片上存在明显的裂纹显示不能作出准确评定（检测记录评定为Ⅰ级，合格）。

2. 检测单位缺乏质量管控意识、检测工作质量完全失控。该底片是检测单位挑选后再报送至监督站备查的，显而易见，检测单位未选派合格的底片评定人员进行底片评定工作，也未按照要求对底片进行复评。

3. 监理单位和项目管理单位未配备无损检测监理工程师，监管失职。

【问题处置】

1. 质量监督工程师责令检测单位评估检测工作质量管理失控原因并制定处理方案，报送建设单位。

2. 质量监督工程师责令检测单位立即整改，下达焊缝返修指令，待焊缝返修后重新实施检测，重新出具检测结果。在监理单位和项目管理单位的监管下，复评项目所有底片，确保危险性缺陷不放过，确保底片评定质量。

3. 质量监督工程师要求监理单位和项目管理单位配备专业无损检测工程师，全过程监督检查和参与底片复评工作，切实履行监督管理职责。

【经验教训】

裂纹是焊缝中危害性最大的缺陷。裂纹的存在严重削弱了管道或设备的承载能力和抗腐蚀能力，在使用过程中容易造成应力集中，成为各种断裂形式的断裂源，是低应力断裂的元凶。不仅给正常生产带来困难，也可能带来灾难性的事故。质量监督工程师在底片复评过程中，应重点关注裂纹类缺陷的评定。

案例13　检测报告缺项的问题

【问题描述】

2021年12月，山东省烟台龙口市某海上平台项目。质量监督工程师在对该项目检测单位的检测报告抽查过程中，发现射线检测报告 LKRT-H532-SW-P01

内容不完整，缺少“工艺卡卡号”“原始记录编号”。随后抽查与报告相关的射线检测作业指导文件、检测操作记录和底片评定记录，检测单位也未提供。

【监督依据】

该行为不符合中国船级社《无损检测机构资格认可规定》第 6.4.5 条“检测报告及记录　无损检测机构使用的报告格式应为船级社接受的格式，并保留相应的记录”和第 6.4.3 条“检测过程控制　申请认可的机构对提供的各种服务应有书面的程序文件，包括检测前设备的调试和校验要求，制定检测作业指导书/检测规程，并保证按其进行检测……”的要求。

【案例评析】

1. 检测人员质量控制意识淡薄，未按照检测作业程序实施检测。在未明确具体检测作业指导文件的前提下，便进行了检测作业，且未及时填写检测记录。

2. 检测人员和授权审核人员未严格按照报告管理程序要求编制和审核检测报告。一般来说，检测报告对应的检测记录齐全、完整和报告内容填写准确、齐全是编制、审核检测报告最基本的要求。

【问题处置】

1. 质量监督工程师要求检测单位核查检测报告是否满足检测工作指令的要求，编制、审批检测作业指导文件，补充检测记录。

2. 质量监督工程师要求委托单位、监理单位加大对检测单位的抽查力度，确保检测报告管理有序合规。

【经验教训】

1. 检测报告是反映焊接质量和无损检测工作质量的主要证据，也是检测单位作为技术服务方向委托方所提供的最直接工作证明。检测报告的质量是监督抽查的重点内容，主要体现在内容完整、数据真实有效、签章齐全等。

2. 检测报告的形成应遵循一般的规律，检测单位接受工作指令→编制检测作业指导文件→按照审批后的检测作业指导文件实施检测→记录检测过程和检测结果→依据检测记录编制检测报告→审批、签发检测报告。在监督检查过程中，应按照中国船级社《无损检测人员水平鉴定与认可指南》《无损检测机构资格认可规定》，对比企业资质证书和人员资格证书，对检测人员和报告审核人员的认可和授权范围实施监督检查。